普通高等教育人工智能与机器人工程专业系列教材
"十三五"江苏省高等学校重点教材（编号 2019-2-269）

机器人 SLAM 技术及其 ROS 系统应用

主　编　徐本连　鲁明丽
副主编　从金亮　赵彩虹
参　编　施　健　李　震　袁儒鹏　孙士秦　赵康

U0359588

机 械 工 业 出 版 社

本书是"十三五"江苏省高等学校重点教材。全书贯彻"理论与实际相结合，教学与实践相统一，紧跟当前SLAM研究重点"的思想，以ROS系统作为平台，以Turtlebot机器人为载体，以实际应用为纽带，在ROS系统中实现各种SLAM算法。

全书共分为5章。第1章介绍SLAM的基本定义、分类及其数学模型，对ROS系统进行简要描述，分析在ROS系统下基于激光特征点的SLAM技术和基于视觉的SLAM技术的特点。第2章详细分析一些典型的基于矢量的SLAM算法和基于随机有限集的SLAM算法的基本原理及其实现。第3章给出ROS系统的详细安装步骤以及部分常用的ROS系统基本操作命令，并以Turtlebot机器人为载体进行基础功能包的安装和测试。第4章首先介绍用于SLAM的ROS相关工具及其使用，然后分别介绍基于激光雷达的Gmapping、Hector SLAM、Cartographer的原理，以及在机器人Turtlebot上的算法实现。第5章介绍基于视觉的MonoSLAM、ORB-SLAM2工作原理及其实现步骤，同时介绍多机器人视觉SLAM系统和地图融合实现过程。

本书可作为机器人工程、自动化、机械电子工程、智能制造工程等相关专业高年级本科生或者研究生的教材，也可供相关工程技术人员参考。

图书在版编目（CIP）数据

机器人SLAM技术及其ROS系统应用/徐本连，鲁明丽主编 . —北京：机械工业出版社，2021. 11（2024.1重印）
"十三五"江苏省高等学校重点教材
ISBN 978-7-111-69303-1

Ⅰ.①机… Ⅱ.①徐… ②鲁… Ⅲ.①机器人-操作系统-程序设计-高等学校-教材 Ⅳ.①TP242

中国版本图书馆 CIP 数据核字（2021）第 203510 号

机械工业出版社（北京市百万庄大街22号 邮政编码100037）
策划编辑：王雅新 责任编辑：王雅新
责任校对：樊钟英 张 薇 封面设计：马若濛
责任印制：常天培
固安县铭成印刷有限公司印刷
2024 年 1 月第 1 版第 3 次印刷
184mm×260mm · 12 印张 · 290 千字
标准书号：ISBN 978-7-111-69303-1
定价：39. 80 元

电话服务 网络服务
客服电话：010-88361066 机 工 官 网：www.cmpbook.com
010-88379833 机 工 官 博：weibo.com/cmp1952
010-68326294 金 书 网：www.golden-book.com
封底无防伪标均为盗版 机工教育服务网：www.cmpedu.com

前　言 Preface

随着无人驾驶、机器人自主探测、智能物流配送等应用越来越广泛，定位与地图构建（Simultaneous Localization and Mapping, SLAM）作为这些应用的基础，成为目前的研究热点。SLAM 相关的研究有很多，许多方法也得到了实际的应用，相应的出版物也较多，但关于所涉及的方法、技术的系统性与可操作性等方面的书籍仍然非常缺乏。

本书结合编者多年科研成果以及应用型本科课程教学经验撰写而成，内容新颖，覆盖面广，将科研成果分结构、分层次地融入到知识体系之中，同时还吸纳了国内外该领域的众多代表性成果。本书在注重理论知识的同时，以 ROS 系统作为平台，以 Turtlebot 机器人为载体，实现相应的 SLAM 算法，以求理论与实际相结合，紧跟当前 SLAM 的前沿研究成果。在讲解算法原理的同时，以实际应用为纽带，在 ROS 系统中实现相应算法，使读者能够快速地理解和掌握相关内容。本书可作为机器人工程、自动化、机械电子工程、智能制造工程等相关专业高年级本科生或者研究生的教材，也可供相关工程技术人员参考。

本书的编写队伍由具有科研与工程经验的一线教师组成。全书共分为 5 章，由徐本连教授统稿并审定。第 1 章介绍 SLAM 的基本定义、分类及其数学模型，对 ROS 系统进行简要描述，分析在 ROS 系统下基于激光特征点的 SLAM 技术和基于视觉的 SLAM 技术的特点，本章主要由徐本连教授完成。第 2 章详细分析一些典型的基于矢量的 SLAM 算法和基于随机有限集的 SLAM 算法的基本原理及其实现，本章主要由鲁明丽副教授、徐本连教授完成。第 3 章给出 ROS 系统的详细安装步骤以及部分常用的 ROS 系统基本操作命令，并以 Turtlebot 机器人为载体进行基础功能包的安装和测试，本章主要由鲁明丽副教授、赵彩虹副教授完成。第 4 章介绍用于 SLAM 的 ROS 相关工具及其使用，以及基于激光雷达的 Gmapping、Hector、Cartographer 的原理，并在机器人 Turtlebot 上对这三种算法进行功能实现，本章主要由鲁明丽副教授、袁儒鹏博士完成。第 5 章主要介绍基于视觉的 MonoSLAM、ORB-SLAM2 工作原理及其实现步骤，同时介绍多机器人视觉 SLAM 系统和地图融合实现过程，本章主要由鲁明丽副教授、从金亮博士完成。施健、李震、孙士秦、赵康也参与了本书的编写。同时特别感谢清华大学王凌教授在百忙中审阅书稿并提出宝贵的修改建议。

由于编者水平有限，书中难免有不妥之处，敬请广大读者批评指正。

编者

目 录 Contents

●第 1 章

绪 论

本章的知识:

SLAM 基本概念; ROS 系统基本概念; 基于 ROS 系统的激光、视觉 SLAM 技术; SLAM 技术的未来发展方向。

本章的典型案例特点:

1. SLAM 的机器人定位与特征估计的耦合, 导出 SLAM 基本问题与任务。
2. 基于激光 SLAM 技术的一般性原理及其实现。
3. 基于视觉 SLAM 技术的一般性原理及其实现。

1.1 SLAM 简介

1.1.1 SLAM 的基本定义

SLAM 的英文全称是 Simultaneous Localization and Mapping, 中文译为 "同时定位与地图构建"。移动机器人利用自身装配的传感器在一个没有任何先验信息的环境中自主探索周围环境信息, 并利用传感器感知的环境信息对自身的全局位姿进行估计, 同时能够利用这些信息建立一个可用于导航的实时环境地图。一般来说, 机器人自主移动到指定位置的过程可以分解为路径规划、定位和建图三个任务, 而 SLAM 主要解决 "定位" 与 "建图"。

ROS 简介 1

定位是用于估计机器人相对于地图的位姿 (位置与姿态), 机器人可以通过正确的定位来验证它的运动规划。但仅仅依赖于里程计会出现很多错误, 例如, 对于轮式机器人, 里程计无法捕获轮滑; 全球定位系统 (GPS) 也可以用于机器人定位, 其定位精度在 "米" 级, 不适用于室内小范围定位工作场景。如果使用贝叶斯滤波器, 例如, 将卡尔曼滤波器或粒子滤波器与 GPS、里程计等结合起来, 就能很好地减少机器人位姿估计误差。建图是指机器人创建环境空间模型的过程。一旦机器人获取了环境地图, 它会更新在当前位置下地图的最新观测值。但是, 由于机器人也使用此地图获取其位置, 并且定位容易出错, 所以生成的地图也可能有错误。因此, 同时定位和建图 (SLAM) 成为了鸡与蛋的问题。

自主移动机器人能执行建图、定位、规划运动等三大任务, 图 1-1 描述了任务之间的交集, 可以看出, 要实现移动机器人完全自主导程, 需同时能执行建图、定位、规划/运动等任务功能（Simultaneous Planning Localization and Mapping，SPLAM）。对于完成路径规划的任务，机器人需要知道自身的位置和获得环境的地图。

ROS 简介 2

在了解 SLAM 的基本概念后，进一步对 SLAM 问题用数学语言来描述。假设机器人携带着某种传感器在未知环境里运动，由于传感器通常是在某些时刻采集数据，所以当记录下这些时刻的位置和地图时，这就把一段连续时间的运动变成了离散时刻点 1，2，3，…，k 的状态。在这些时刻，用 x 表示机器人自身的位姿，于是各时刻的位姿就记为 x_1，x_2，…，x_k，它们构成了机器人的轨迹。地图方面，设地图是由许多个路标（Land-mark）组成的，而每个时刻，传感器会测量到一部分路标点，得到它们的观测数据。不妨设路标点一共有 N 个，可定义为 y_1，y_2，y_3，…，y_N。

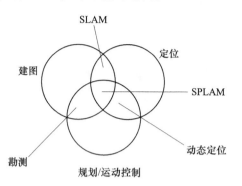

图 1-1　自主移动机器人需要解决的任务

通常，机器人会携带一个测量自身运动的传感器。这个传感器可以测量有关运动的读数，如加速度、角速度等信息。通过这个信息，都能使用一个通用的、抽象的数学模型来表述机器人从 k 时刻到 $k+1$ 时刻的位置 x 的变化

$$x_{k+1} = f(x_k, u_k) + \omega_{k+1} \tag{1-1}$$

式中，x_k 为机器人在 k 时刻的相对位姿；u_k 为 k 时刻的控制输入；ω_{k+1} 为过程噪声。这里，用函数 f 来描述这个过程，而不具体指明 f 的作用方式。这使得整个函数可以指代任意的运动传感器，成为一个通用的方程，而不必限定于某个特殊的传感器上。

当机器人在位姿 x_{k+1} 上看到某个路标点 y_j，就会产生一个观测数据 $z_{k+1,j}$。同样，用一个抽象的函数 h 来描述这个关系

$$z_{k+1,j} = h(y_j, x_{k+1}) + \nu_{k+1,j} \tag{1-2}$$

式中，$z_{k+1,j}$ 为 $k+1$ 时刻传感器的观测值；$\nu_{k+1,j}$ 为观测噪声。这两个方程描述了最基本的 SLAM 问题（如图 1-2 所示）：当知道运动测量的读数 u，以及传感器的读数 z 时，如何求解定位问题（x）和建图问题（y）。但由于噪声的存在，将 SLAM 问题数学建模成一个状态估计问题，通过带有噪声的观测数据，估计状态变量。

机器人在未知环境中进行探索时，以一定的步长并结合传感器的观测信息以及控制输入估计自身的运动参数，经过一段时间的运行后，机器人将会产生一系列状态向量，该状态向量可用集合的形式表示，同时还会产生一系列观测向量，同样可以用集合的形式表示

$$\boldsymbol{X}^t = (x_0, \cdots, x_k, \cdots x_t, y_1, \cdots, y_j, \cdots y_N) \tag{1-3}$$

$$\boldsymbol{Z}^t = (\boldsymbol{Z}_0, \cdots, \boldsymbol{Z}_k, \cdots, \boldsymbol{Z}_t) \tag{1-4}$$

式中，$\boldsymbol{X}^t$ 为机器人在 t 时间内产生的状态向量集合，$\boldsymbol{Z}_k$ 为机器人在采样时刻 k 对应的观测值集合，$\boldsymbol{Z}^t$ 为机器人在 t 时间内的观测向量集合。

根据图 1-2 和式（1-1）~式（1-4），对于每个新的采样时刻 t'（$t' > t$），机器人的位姿以及相对应新增的环境观测路标发生变化且未知，因此需要通过先验的已知量 $\{\boldsymbol{X}^t, \boldsymbol{Z}^t\}$ 对当前时刻的未知变量 $\boldsymbol{X}^{t'}$ 进行估计，同时要将这些估计的不确定性考虑

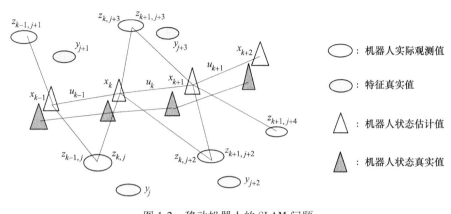

图 1-2　移动机器人的 SLAM 问题

进去，即把估计的误差控制在一定范围内。机器人在已建立好的环境地图的基础上进行自身的定位以及导航，同时还需要结合自身的位置以及传感器的观测来增加地图信息，这种机器人自定位以及环境地图构建是同时进行的过程。

1.1.2　SLAM 的分类

　　SLAM 算法的输出是一张地图，并且机器人在这张地图中能标识出自身的位置。地图可以是度量图、拓扑图、混合图或语义图。通过层次结构图可以清晰看出 SLAM 的分类情况，如图 1-3 所示。

　　度量图可以将环境表示为栅格地图、特征地图或几何信息地图。特征地图通过指定的标记点、特征等精确度量位置来表示环境。传感器的类型会影响这些特征的选择，例如，通常范围传感器会使用角、线等特征，更复杂的也会用到 FLIRT（Fast Laser Interest Region Transform）等特征，在视觉传感器的情况下，使用 SIFT（Scale-Invariant Feature Transform）、SURF（Speeded Up Robust Features）等特征。在某些应用环境中，如矿山和灾区，会允许使用人工地标，如 RFID（Radio Frequency Identification）来标识环境，这种人工地标的使用可以减轻建图过程中的计算成本。栅格地图是把环境划分成一系列大小相等的栅格，每个栅格单元都是环境的代表性样本。当机器人新进入一个环境时，它是不知道室内障碍物信息的，这就需要机器人能够遍历整个环境，检测障碍物的位置，并根据障碍物位置找到对应栅格地图中的序号值，对相应的栅格值进行修改。其中每一栅格给定一个可能值，表示该栅格被占据的概率。如图 1-4 所示，地图中黑色表示障碍物，白灰色表示可穿越区域，灰色表示未探测区域。几何信息地图将环境障碍表示为几何形状，如圆形、椭圆形。几何地图仅模拟环境中的障碍物，因此所需存储空间较少。然而容积地图却需要大量的内存，容积地图的精度取决于栅格单元大小的离散化分辨率，使用基于栅格的地图优点就是可以持续地获取环境信息。

　　拓扑地图将环境用一张拓扑图来描述，如图 1-5 所示，各个节点代表环境中的某一重要位置点，各节点间的弧表示各位置点间的连接关系，这些关系可能是拓扑的（左、右、前等）或仅表示连通性。这种地图类似于地铁路线图，告诉用户一条地

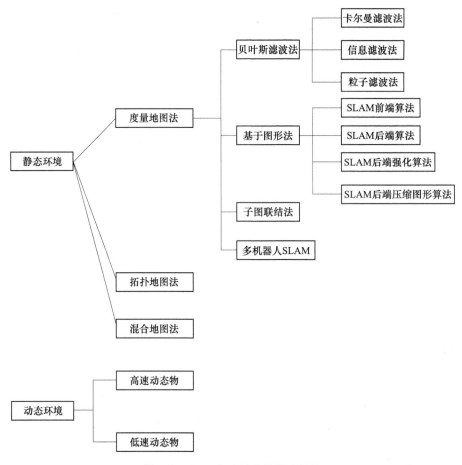

图 1-3　SLAM 方法的分类层次结构

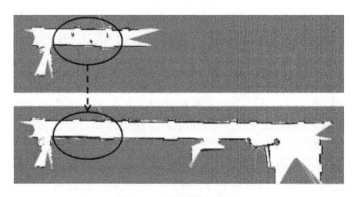

图 1-4　占据栅格地图

铁线在哪个站点与另一条地铁线相接。拓扑图不提供度量信息，所以通常比度量图更紧凑，需要的存储空间也小，而且不需要机器人精确的位置信息，同时能够进行有效的人机交互。但是，如果传感器信息模糊就很难构建大环境下的地图，产生的路径也可能不是最佳路径。

混合地图包含地图的拓扑信息和度量信息。例如,一些度量图通过拓扑关系连接起来。混合地图中的每个节点可以是小型度量地图,或者是某个地方的定性信息,也可两者都有。混合地图的优点在于,根据用途不同可以访问不同级别的信息。典型的混合地图如图1-6所示。语义地图会提供与地图元素相关的语义信息,标记环境中的对象(如杯子、碟子、瓶子、桌子、建筑物、灯柱和树),有关对象之间的关系信息,对象的属性(如颜色)等。语义地图的优势在于它们实现了人与机器人在概念上就能交互的功能,例如,借助语义图可以对机器人下达"过第二个绿色建筑物后左转弯"这样的命令。

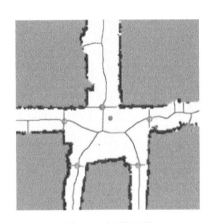

图1-5 拓扑地图

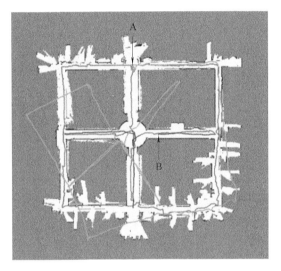

图1-6 混合地图

1.2 ROS 简介

在人工智能研究大发展阶段,斯坦福大学人工智能实验室 STAIR(Stanford Artificial Intelligence Robot)项目组创建了灵活的、动态的软件系统的原型并应用于机器人技术。2007 年,机器人公司 Willow Garage 和该项目组合作,提供了大量资源进一步扩展了这些概念,经过具体的研究测试之后,无数的研究人员将他们的专业性研究成果放到 ROS(Robot Operating System)核心概念及其基础软件包中。ROS 软件的开发自始至终采用开放的 BSD 协议,在机器人技术研究领域逐渐成为一个被广泛使用的平台。

Slam 模型 1

Willow Garage 公司和斯坦福大学人工智能实验室合作以后,在 2009 年初推出了 ROS 0.4,这是一个测试版,现在所用的系统框架在这个版本中已经具有了初步的雏形。之后的版本才正式开启了 ROS 的发展成熟之路,如图1-7 所示。

ROS1.0 版本发布于 2010 年,基于 PR2 机器人开发了一系列机器人相关的基础软件包。随后 ROS 版本迭代频繁,目前使用人数最多的是 Kinetic Kame 和 Indigo Igloo 这两个长期支持的版本。

ROS 版本	发布时间
Melodic Morenia	2018. 5
Lunar Loggerhead	2017. 5
Kinetic Kame	2016. 5
Jade Turtel	2015. 5
Indigo Igloo	2014. 7
Hydro Medusa	2013. 9
Groovy Galapagos	2012. 12
Fuerte Turtle	2012. 4
Electric Emys	2011. 8
Diamondback	2011. 3
C Turtle	2010. 8
Box Turtle	2010. 3

图 1-7　ROS 版本及发行时间

　　ROS 是一个开源的、面向机器人的元操作系统。它提供从操作系统获得的服务，包括硬件分离、低级设备控制、常用功能的实现、进程之间的消息传递和包管理。它还为跨多台计算机获取、构建、编写和运行代码提供了工具和库。ROS 运行时，"图"是一个对等网络，由使用 ROS 通信基础设施松散耦合的进程（可能分布在多台机器上）组成。ROS 实现了几种不同的通信方式，包括服务上的同步远程过程调用（Remote Procedure Call，RPC）通信、主题上的异步数据流和参数服务器上的数据存储。

　　ROS 的发展逐渐趋于成熟，近年来也面向 Ubuntu 的更新而更新，这说明 ROS 已经初步进入一种稳定的发展状态，每年进行一次更新，同时还保留着长期支持的版本，这使得 ROS 在稳步前进发展的同时，也有开拓创新的方向。目前越来越多的机器人、无人机甚至无人车都开始采用 ROS 作为开发平台。

1.3　基于 ROS 系统的 SLAM 技术

Slam 模型 2

　　SLAM 按照传感器来分，有视觉 SLAM（VSLAM）和激光 SLAM，视觉 SLAM 基于摄像头返回的图像信息，激光 SLAM 基于激光雷达返回的点云信息。激光 SLAM 比视觉 SLAM 起步早，在理论、技术和产品落地上都相对成熟。基于视觉的 SLAM 方案目前主要有两种实现路径，一种是基于 RGBD 的深度摄像机，如 Kinect；还有一种就是基于单目、双目或者鱼眼摄像头。VSLAM 目前尚处于进一步研发、应用场景拓展和产品逐渐落地阶段。

1.3.1　基于激光的 SLAM 技术

基于 ROS 的激光 SLAM 技术可以简单的分为三个层面：最底层、中间通信层和决策层。最底层就是机器人本身的电机驱动和控制部分，中间通信层是底层控制部分和决策层的通信通路，决策层就是负责机器人的建图、定位以及导航。本节主要阐述 ROS 提供的 Gmapping 包作为机器人的决策层。

Gmapping 包是在 ROS 里对开源社区 Openslam 下 Gmapping 算法的 C++实现，该算法采用一种高效的 Rao-Blackwellized 粒子滤波将收取到的激光测距数据最终转换为栅格地图。

占据栅格地图的构建主要采取粒子滤波的方法，粒子滤波是目前可以代替高斯滤波器的广为流行的非参数化滤波器，其核心思想是通过从后验概率（观测方程）中抽取的随机状态粒子来表达其分布，是一种顺序重要性采样法。简单来说，粒子滤波法是用一组在状态空间传播的随机样本（粒子）对概率密度函数进行近似，以样本均值代替积分运算，从而获得状态最小方差分布的过程，当样本数量趋于无穷时可以逼近任何形式的概率分布。虽然概率分布仅仅是真实分布的一种近似，但由于粒子滤波是非参数化的，不再需要随机变量必须满足高斯分布这一假设前提，能表达更为广泛的分布，对变量参数的非线性特性有更强的建模能力，可用于解决 SLAM 问题。

粒子滤波主要步骤如下：

（1）初始化阶段

给定粒子数量，将粒子平均分布在规划区域，规划区域需要人为或者通过特征算法计算得出，如人脸追踪，初始化阶段需要人为标出图片中人脸范围或者使用人脸识别算法识别出人脸区域。对于 SLAM 来说，规划区域一般是用来进行定位的地图，在初始化时，将需要设置的特定数量粒子均匀分布在整张地图中。

（2）转移阶段

根据 $t-1$ 时刻的粒子位姿以及里程计数据，预测 t 时刻的粒子位姿，这个阶段所做的任务就是对每个粒子根据状态转移方程进行状态估计，每个粒子将会产生一个与之相对应的预测粒子。这一步同卡尔曼滤波方法相同，只是卡尔曼是对一个状态进行状态估计，粒子滤波是对大量样本（每个粒子即是一个样本）进行状态估计。

（3）决策阶段

决策阶段也称校正阶段。在这一阶段中，对每个粒子执行扫描匹配算法，根据传感器观测的激光数据，对预测粒子进行评价，越接近真实状态的粒子，其权重越大，反之，与真实值相差较大的粒子，其权重越小。此步骤是为重采样做准备。在 SLAM 中权重计算方式有很多，如机器人行走过程中，激光雷达返回周围位置信息，如果这些信息与期望值相差较大，或者在运动中某些粒子本应该没有碰到障碍或者边界，然而在运算中却到达甚至穿了过障碍点或边界，那么这种粒子就是坏点粒子，这样的粒子权重也就比较低一些。

（4）重采样阶段

根据粒子权重对粒子进行筛选，筛选过程中，既要大量保留权重大的粒子，又要保留一小部分权重小的粒子，大部分权重小的粒子会被淘汰，为了保证粒子总数不变，一般会在权值较高的粒子附近加入一些新的粒子。

（5）滤波

将重采样后的粒子带入状态转移方程得到新的预测粒子，然后将它们继续进行上述转移、决策、重采样过程，经过这种循环迭代，最终绝大部分粒子会聚集在与真实值最接近的区域内，从而得到机器人准确的位置，实现定位。

（6）地图生成

每个粒子都携带一个路径地图，整个过程下来，选取最优的粒子，即可获得规划区域的栅格地图。

在激光SLAM系统中，Gmapping获取扫描的激光雷达信息以及里程计数据，动态地生成

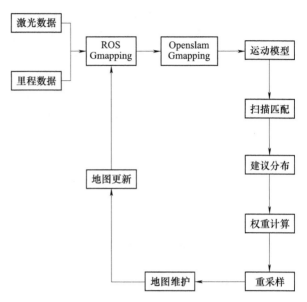

图 1-8　Gmapping 建图系统框架

2D 栅格地图。导航包则利用这个栅格地图，里程计数据和激光雷达数据做出适合的路径规划和定位，最后转换为机器人的速度指令。建图系统的框架如图 1-8 所示。

1.3.2　基于视觉的 SLAM 技术

SLAM 最开始使用的外部传感器主要有声纳和激光雷达，它们具有分辨率高、抗有源干扰能力强等优点，但经常受到环境（如 GPS 信号）的约束。由于 SLAM 主要在未知环境下完成，无从获知环境信息，而相机能够获取精准直观的环境信息，且成本低、功耗小。随着计算机视觉的广泛应用，利用相机作为外部传感器成为了视觉SLAM 研究的主要方向。根据其工作方式的不同，可分为以下三种：

（1）单目相机

单目相机只能反映出三维场景的二维图像，并没有体现出物体到相机之间的距离信息。由于单目 SLAM 无法仅凭图像确定真实尺度，尺度不确定性是其主要特点，也是误差的主要来源，于是人们开始使用双目和深度相机。

（2）双目相机

双目相机通过左右眼图像的差异来判断场景中物体的远近，能直接提取完整的特征数据。它既能应用于室内也能应用于室外，但是像素点的深度需要大量的计算才能得到，且配置与标定复杂，所以计算量是双目的主要问题之一。

（3）RGB-D 相机

RGB-D 相机可同时获取图像彩色信息和深度信息。微软公司 2010 年推出的Kinect 相机为三维 SLAM 问题的解决提出了新思路，由于 Kinect 价格便宜，且能快速获取环境的彩色信息和深度信息，不受光谱的影响，这使基于 RGB-D 的 SLAM 技术得

到了迅速的发展。

视觉 SLAM 的先驱 Davison 在 2007 年提出了 MonoSLAM，这是第一个基于扩展卡尔曼滤波器（Extended Kalman Filter，EKF）的实时单目视觉系统，以 EKF 为后端来追踪前端稀疏的特征点。随后 Klein 等人提出了 PTAM（Parallel Tracking and Mapping），这是第一次将跟踪和建图分为两个单独任务并在两个平行的线程中处理，该研究将视觉 SLAM 后端处理以非线性优化为主导而不是使用传统的滤波器作为后端。继 PTAM 的双线程结构后，Tardos 提出了 ORB-SLAM 三线程结构：特征点的实时跟踪、地图创建及局部优化、回环检测地图与地图全局优化，同时支持单目、双目、RGB-D 三种模式。

MonoSLAM 是将传统机器人领域中基于激光测距仪的 EKF-SLAM 应用到了单目相机的 SLAM 中。在 MonoSLAM 中，每一个状态都是由一个当前状态最佳估计的状态矢量以及一个表示该状态不确定性的协方差矩阵表示，状态矢量包括相机的位姿、速度、角速度以及场景中所有地图点的坐标。假设场景中有 N 个地图路标，那么每次更新上述协方差矩阵的计算复杂度（$O(N^2)$）。之所以选择一个全协方差矩阵而不选择使用协方差子阵减少计算，是因为 MonoSLAM 的目标是在房间大小的场景中进行可重复定位，这种情况下相机的图像会较多的重叠，会有频繁的闭环发生，这时用一个全协方差矩阵会更加精确，而且 100 个左右的地图点一般可以足够表征一间房间大小的场景。

MonoSLAM 特征的检测和匹配如下：特征点检测使用的是 Shi-Tomasi 角点检测，特征匹配是靠扭曲图像块进行 NCC（Normalized Cross-Correlation）匹配。每个修补模块（Patch Template）保存其所在图像的表面方向（Surface Orientation），匹配时根据后续帧的位姿将该修补模块投影过去。为防止漂移，该修补模块一旦初始化将不能再进行更新，修补模块的表面方向也是通过一个单独的卡尔曼滤波器进行估计。基于卡尔曼滤波器的算法在每个时刻的计算一般分为两步：第一步，预测；第二步，更新。在第一步中一般是根据运动模型或者控制模型预测状态矢量，是不确定性传递的过程，其中用到的运动模型或者控制模型需要根据实际场景设置其不确定性的参数，直接影响协方差矩阵的计算。在第二步中是根据观测到的结果来估计最佳状态矢量并减小不确定性。

如图 1-9 所示是 MonoSLAM 在运行时的情形。可以看到，单目相机在一幅图像中跟踪了非常稀疏的特征点（且用到了主动跟踪技术）。在 EKF 中，每个特征点的位置服从高斯分布，所以能够以一个椭球的形式表达它的均值和不确定性。在该图的右半部分，可以找到一些在空间中分布着的小球。它们在某个方向上显得越长，说明在该方向的位置就越不确定。如果一个特征点收敛，应该能看到它从一个很长的椭球（相机 Z 方向上非常不确定）最后变成一个小点的样子。

PTAM 是基于关键帧 SLAM 派系里最出名的一个算法。PTAM 开创了多线程 SLAM，后来多数基于关键帧的 SLAM 都是基于这个框架。PTAM 受到了广泛采用集束优化（Bundle Adjustment，BA）的 Nister 算法的启发，将跟踪和建图分成两个单独的线程，这样既可以不影响跟踪的实时体验，又可以在建图线程中放心使用 BA 来提高精度。集束优化方法（BA）是一种在所选择的图像基础上进行批处理的优化方法，

图 1-9　MonoSLAM 在运行时的情形

其主要的任务就是在图像与相机特性相对运动前提下，确定每个点特征的 3D 坐标。这样一来，由于 BA 的引入，PTAM 的精度得到了大幅提高。PTAM 的数据结构主要包括关键帧和地图点。关键帧保存的是相机位姿及一个 4 级的图像金字塔（从 640×480 到 80×60）；地图点保存的是坐标以及来自哪个关键帧的哪一层。系统运行时通常有大约 100 个关键帧和几千个地图点。图 1-10、图 1-11 分别是 PTAM 的建图线程流程和跟踪线程流程。

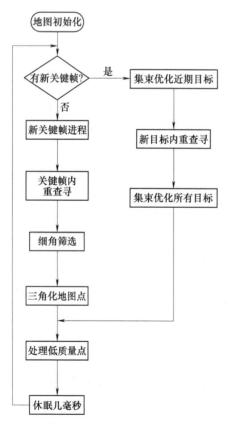

图 1-10　PTAM 的建图线程流程

图 1-11　PTAM 的跟踪线程流程

PTAM 是第一个使用非线性优化，而不是使用传统的滤波器作为后端的方案。它引入了关键帧机制，不必精细地处理每一个图像，而是把几个关键图像串起来，然后优化其轨迹和地图。PTAM 同时是一个增强现实软件，如图 1-12 所示的演示 AR 效果。根据 PTAM 估计的相机位姿，可以在一个虚拟的平面上放置虚拟物体，看起来就像在真实的场景中一样。

图 1-12　PTAM 演示的 AR 效果

ORB-SLAM 是一个基于特征点的实时单目 SLAM 系统，在大规模的、小规模的、室内室外的环境中得到了较好应用。该系统对剧烈运动也很鲁棒，支持宽基线的闭环检测和重定位，包括全自动初始化。该系统包含了所有 SLAM 系统共有的模块：跟踪（Tracking）、建图（Mapping）、重定位（Relocalization）、闭环检测（Loop Closing）。由于 ORB-SLAM 系统是基于特征点的 SLAM 系统，故其能够实时计算出相机的轨线，并生成场景的稀疏三维重建结果。ORB-SLAM2 在 ORB-SLAM 的基础上，还支持标定后的双目相机和 RGB-D 相机。ORB-SLAM 的系统框架如图 1-13 所示。

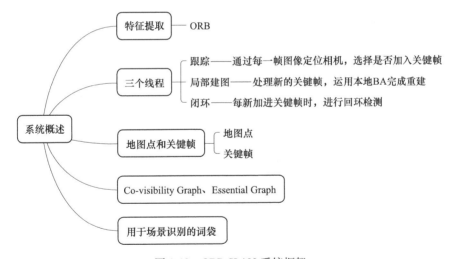

图 1-13　ORB-SLAM 系统框架

相比于之前的工作，ORB-SLAM 具有以下几条明显的优势：

1）支持单目、双目、RGB-D 三种模式，这使得无论哪种常见的传感器，都可以先放到 ORB-SLAM 上测试一下，它具有良好的泛用性。

2）整个系统围绕 ORB 特征进行计算，包括视觉里程计与回环检测的 ORB 字典，它体现出 ORB 特征是现阶段计算平台的一种优秀的效率与精度之间的折中方式。ORB 不像 SIFT 或 SURF 那样费时，在 CPU 上面即可实时计算。相比 Harris 角点特征，又具有良好的旋转和缩放不变性。ORB 不仅能提供描述子，而且在大范围运动时能够进行回环检测和重定位。

3）ORB 的回环检测算法保证了 ORB-SLAM 有效地防止累积误差，并且在丢失之后还能迅速找回，这一点许多现有的 SLAM 系统都不够完善。为此，ORB-SLAM 在运行之前必须加载一个很大的 ORB 字典。

4）ORB-SLAM 使用了三个线程完成 SLAM 实时跟踪特征点的 Tracking 线程，局部 Bundle Adjustment 的优化线程（Co-Visibility Graph，俗称小图），以及全局 Pose Graph 的回环检测与优化线程（Essential Graph，俗称大图）。继 PTAM 的双线程结构之后，ORB-SLAM 的三线程结构取得了非常好的跟踪和建图效果，能够保证轨迹与地图的全局一致性。

5）ORB-SLAM 围绕特征点进行优化与改进。在 OpenCV 的特征提取基础上保证了特征点的均匀分布，在优化位姿时使用了一种循环优化 4 遍以得到更多正确匹配的方法。这些细小的改进使得 ORB-SLAM 具有远超其他方案的稳定性，即使对于较差的场景，较差的标定内参，ORB-SLAM 都能够顺利地工作。图 1-14 为 ORB-SLAM 运行截图。左侧为图像与追踪到的特征点，右侧为相机轨迹与建模的特征点地图。

图 1-14　ORB-SLAM 运行截图

视觉 SLAM 中的 MonoSLAM、PTAM、ORB-SLAM 方法的特点及优缺点见表 1-1。

表 1-1　视觉 SLAM 三种方法的比较

方法	传感器形式	特点	优缺点
MonoSLAM	单目	每个特征点的位置服从高斯分布并用椭圆形式表达其均值和不确定性，在椭圆投影中主动搜索特征点进行匹配，后端采用扩展卡尔曼滤波器进行优化	优点：能够追踪前端非常稀疏的特征点 缺点：特征点容易丢失，路标数量有限，容易积累误差
PTAM	单目	将跟踪和建图作为两个独立的任务并在两个线程进行处理，后端采用非线性优化为主而不是滤波	优点：实时响应图像数据，可应用于 AR 中 缺点：场景小、跟踪数据容易丢失
ORB-SLAM	单目、双目、RGB-D	提出三线程结构，即特征点的实时跟踪、地图创建及局部优化、地图全局优化	优点：回环检测有效地防止误差积累，可应用于大环境下 缺点：特征点计算耗时大，在弱纹理环境下鲁棒性差

激光 SLAM 与视觉 SLAM 各有优缺点，激光 SLAM 中激光雷达价格从几万到几十万不等，成本相对来说比较高，RPLIDAR 算是很低成本的激光雷达解决方案，摄像头

相比激光雷达，成本低很多。视觉 SLAM 的应用场景相比于激光 SLAM 要丰富很多，在室内外均能开展工作，但是对光的依赖度高，在暗处或者一些无纹理区域无法进行工作，而激光 SLAM 主要应用在室内。在构建的地图精度上，激光 SLAM 精度很高，RPLIDAR 精度达到 2cm，视觉 SLAM kinect 测距范围 3~12m，地图构建精度 3cm。激光 SLAM 与视觉 SLAM 的优劣势见表 1-2。

表 1-2　激光 SLAM 与视觉 SLAM 的优劣势

优/劣势	激光 SLAM	视觉 SLAM
优	可靠性高，技术成熟；建图直观，精度高，不存在累积误差；地图可用于路径规划	结构简单，安装方法多元化；无传感器距离限制，成本低；可提取语义信息
劣	受雷达探测限制；安装有结构要求；地图缺乏语义信息	环境光影响大，暗处（无纹理区域）无法工作；运算负荷大，构建的地图本身难以直接用于路径规划和导航；传感器动态性能还需提高，地图构建会存在累积误差

1.4　SLAM 技术的未来发展

　　SLAM 未来的发展趋势有两大类：一是朝轻量级、小型化方向发展，让 SLAM 能够在嵌入式或手机等小型设备上良好运行，再考虑以它为底层功能的应用。机器人、AR/VR 设备实现的功能主要有运动、导航、教学、娱乐等，而 SLAM 可以为这些上层的功能应用提供自身的位姿估计。在这些应用中，不希望 SLAM 占用所有计算资源，所以对 SLAM 的小型化和轻量化有非常强烈的需求。二是利用高性能计算设备，实现精密的三维重建、场景理解等功能。在这些应用中，主要目的是完美地重建场景，而对于计算资源和设备的便携性则没有多大限制。由于可以利用 GPU，这个方向和深度学习亦有结合点。

　　1）视觉与惯性导航融合 SLAM 具有很强应用背景。实际的机器人或硬件设备，通常都不会只携带一种传感器，往往是多种传感器的融合。惯性传感器（IMU）能够测量传感器本体的角速度和加速度，被认为与相机传感器具有明显的互补性，而且容易得到更好的 SLAM 系统。IMU 虽然可以测得角速度和加速度，但这些量都存在明显的漂移（Drift），使得积分两次得到的位姿数据非常不可靠。相比于 IMU，相机数据基本不会有漂移，相机数据可以有效地估计并修正 IMU 读数中的漂移，使得在慢速运动后的位姿估计依然有效。可以看出，IMU 为快速运动提供了较好的解决方式，而相机又能在慢速运动下解决 IMU 的漂移问题，在这个意义下，它们二者是互补的。

　　2）SLAM 的另一个大方向就是和深度学习技术结合。到目前为止，SLAM 的方案都处于特征点或者像素的层级。关于这些特征点或像素到底来自于什么物体一无所知。这使得计算机视觉中的 SLAM 与人类的做法不怎么相似，至少看不到特征点，也不会去根据特征点判断自身的运动方向。

　　在深度学习广泛应用之前，只能利用支持向量机、条件随机场等传统工具对物体或场景进行分割和识别，或者直接将观测数据与数据库中的样本进行比较，尝试构建语义地图。由于这些工具本身在分类正确率上存在限制，所以效果也往往不尽如人意。随着深度学习的发展，开始使用神经网络，越来越准确地对图像进行识别、检测和分割。这为构建准确的语义地图打下了更好的基础。逐渐开始有学者将神经网络方法引入到SLAM中的物体识别和分割，甚至SLAM本身的位姿估计与回环检测中。虽然这些方法目前还没有成为主流，但将SLAM与深度学习结合来处理图像，也是一个很有前景的研究方向。

3）基于超宽带（Ultra Wide Band，UWB）的定位技术。近年来UWB技术发展迅速，测距精度有较大提高（目前室内定位精度可以达到5cm，如DecaWave公司最新推出的DW1000芯片），相对于机器人其他测距传感器（深度摄像头、运动捕获系统等）更加经济、便捷，而且UWB技术具有实时性高、穿透性强的特点，弥补了单目、双目、RGBD、激光测距仪等传感器在光照、丛林、遮挡等环境下的不足，同时，处理UWB数据对机器人计算能力要求非常低，极大节省了机器人数据处理时间。

4）SLAM的发展还包括基于线/面特征的SLAM、动态场景下的SLAM、多机器人的SLAM等。目前已有SLAM算法大多针对静态环境，高度动态环境下的SLAM仍是一个难题，而实际的环境往往不是静态的。可以预知，动态环境下，特别是非结构化大规模动态环境下的视觉SLAM，是一个具有挑战性的重要问题。

1.5 本章小结

本章介绍了SLAM的基本定义、分类数学模型。描述了ROS系统的特点及其开发的每个重要阶段。重点讲述了在ROS系统下基于激光特征点的SLAM技术和基于视觉的SLAM技术的特点及其优劣势。最后给出了SLAM技术的未来发展方向。

参 考 文 献

［1］DHIMAN N K, DEODHARE D, KHEMANI D. Where am I? Creating spatial awareness in unmanned ground robots using SLAM: A survey ［J］. Sadhana, 2015, 40 (5): 1385-1433.

［2］杨雪梦, 姚敏茹, 曹凯. 移动机器人SLAM关键问题和解决方法综述 ［J］. 计算机系统应用, 2018, 27 (7): 1-10.

［3］孙凤池, 黄亚楼, 康叶伟. 基于视觉的移动机器人同时定位与建图研究进展 ［J］. 控制理论与应用, 2010, 27 (4): 488-494.

［4］卫恒, 吕强, 林辉灿, 等. 多机器人SLAM后端优化算法综述 ［J］. 系统工程与电子技术, 2017, 39 (11): 2553-2565.

［5］高翔, 等. 视觉SLAM十四讲: 从理论到实践 ［M］. 北京: 电子工业出版社, 2017.

［6］JO H G, CHO H M, JO S, et al. Efficient grid-based rao-blackw ellized particle filter slam with interparticle map sharing ［J］. IEEE/ASME Transactions on Mechatronics, 2018, 23 (2): 714-724.

［7］KLEIN G, MURRAY D. Parallel tracking and mapping for small AR workspaces ［C］. IEEE and ACM International Symposium on Mixed and Augmented Reality, 2008.

［8］DAVISON A J, REID I D, MOLTON N D, et al. MonoSLAM: Real-Time Single Camera SLAM ［J］. IEEE Transactions on Pattern Analysis and Machine Intelligence, 2007, 29 (6): 1052-1067.

▶ 第 2 章

SLAM 算法简介与实现

本章的知识：

现阶段已开发的基于矢量的 SLAM 算法和基于随机有限集的 SLAM 算法的基本原理及其优缺点。

本章的典型案例特点：

1. 基于矢量 SLAM 算法的原理及其 Matlab 仿真实现。
2. 基于随机有限集 SLAM 算法的原理及其 Matlab 仿真实现。

2.1 SLAM 算法简介

2.1.1 SLAM 算法分类

SLAM 算法总体上可以分为两类：基于矢量的 SLAM 算法和基于随机有限集（Random Finite Set，RFS）的 SLAM 算法。基于矢量的 SLAM 算法长期占据统治地位，它也是应用最早和最广泛的算法，它将每一时刻机器人的位姿信息和地图特征都表示成地图、轨迹联合状态矢量（即向量序列）的形式，并通过递归公式对地图、轨迹联合状态后验概率密度进行递归估计。基于扩展卡尔曼滤波（Extended Kalman Filter，EKF）的 EKF-SLAM 算法和基于序贯蒙特卡罗的 FastSLAM 算法都属于比较典型的基于矢量的 SLAM 算法。Bailey 等在对扩展卡尔曼滤波算法的研究基础上对其进行改进，并大大改善了 EKF-SLAM 的运算效率。Montemerlo 等在 FastSLAM 1.0 算法的基础上，提出了 FastSLAM 2.0 算法。2.0 版本是对 1.0 版本的升级和换代，它不仅完善了 1.0 版本算法的不足，还对其做了改进，使 2.0 版本算法的精度得到了很大程度的提高。Brooks 等人提出了全新的 HybridSLAM 算法，HybridSLAM 算法是在 EKF-SLAM 和 FastSLAM 基础上改进的，融合二者的优点弥补彼此的不足，FastSLAM 作为前端局部地图数据的处理，EKF-SLAM 作为后端全局地图数据的融合，这种结合很大程度上提高了算法的可行性。

另一类则是基于随机有限集的 SLAM 算法，这类算法与传统的算法相比，最大的不同之处是以随机有限集的形式来代替矢量表示。RFS 是集合形式的随机变量，其元素的数量和顺序都是随机的。利用 RFS 理论对机器人 SLAM 问题进行建模，即用随机有限集合而不是矢量形式来表示每一时刻的地图特征状态和观测信息，这使得多特征-多观测状态通过这种方式得到更加有效的表达。

RFS 理论常常被应用于多目标跟踪和数据融合领域，而在机器人 SLAM 领域逐步推广。近年来，有学者和研究人员将 RFS 理论与机器人的 SLAM 问题相结合来提高 SLAM 算法的运算效率，并形成了一种趋势与新的发展方向。2008 年，Mullane 等人将随机有限集理论应用到机器人 SLAM，把地图的观测量表示成随机有限集的形式，并在贝叶斯框架下以概率假设密度（Probability Hypothesis Density，PHD）强度函数进行递归计算，对机器人的位姿和观测地图中的特征进行联合估计，把结果也保存成随机有限集的形式，以便下次递推迭代使用。在整体实现上以粒子滤波器估计机器人的位姿，以高斯混合的方式在 PHD 滤波器框架下实现对地图特征的估计。随后 Vo 和 Mullane 等人进一步对基于随机有限集的 PHD-SLAM 进行了改进，并证明其在高杂波和数据关联模糊情况下具有良好的估计精度。随着标签随机有限集的发展，带标签的多伯努利算法也被应用到 SLAM 领域，Deusch 等人对标签多伯努利（Labeled Multi-Bernoulli，LMB）滤波算法与 SLAM 进行了融合，通过实验表明此算法的估计精度高于 PHD-SLAM。

2.1.2 不同种类 SLAM 算法的特点

1. 基于矢量的 SLAM 算法特点

贝叶斯
公式 1

EKF-SLAM 和 FastSLAM 都是基于贝叶斯（Bayesian）估计的 SLAM 算法，每一时刻机器人的位姿信息和地图特征被表示成地图、轨迹联合状态矢量（即向量序列）的形式，并通过递归公式对地图、轨迹联合状态后验概率密度进行递归估计。机器人采用条件概率表示置信度，置信度是以获得数据为条件的关于状态变量的后验概率，用 $bel(\bullet)$ 表示

$$bel(x_k) = p(x_k | z_{1:k}, u_{1:k}) \tag{2-1}$$

式（2-1）表示在时刻 k 状态 x_k 的置信度，以已观察数据 $z_{1:k}$ 和控制 $u_{1:k}$ 为条件。在执行完 u_k 后，进行观测 z_k 之前所计算的后验概率密度表示为

$$\overline{bel}(x_k) = p(x_k | z_{1:k-1}, u_{1:k}) \tag{2-2}$$

贝叶斯
公式 2

在概率滤波的框架下，该概率也常被称为预测。$\overline{bel}(x_k)$ 是基于之前状态的后验，在综合时刻 k 的观测之前 $z_{1:k-1}$，预测了时刻 k 的状态。

图 2-1 算法描述了基于递归的贝叶斯滤波原理，贝叶斯滤波算法具有两个基本步骤：第一步为预测，通过基于状态 x_{k-1} 的置信度和控制 u_k 来计算状态 x_k 的置信度；第二步为更新，用已经观测到的观测 z_k 的概率乘以预测置信度 $\overline{bel}(x_k)$。在真实推导中，乘积结果不再是一个概率，总和可能不为 1，因此利用归一化常数 η 对结果进行归一化，然后推导出最后的置信度 $bel(x_k)$。

在机器人学中，EKF 已经成为很流行的状态估计工具，其优势在于既简单又高效的计算速率。EKF 较高的计算速率归功于用多元高斯分布表示置信度。高斯分布是一个单峰分布，可以看作是确定椭圆表示的单一估计。在许多实际问题中，高斯分布估计是鲁棒的。但随着 SLAM 问题的深入研究，EKF-SLAM 算法在应用中暴露出两个主要的缺陷：第一，计算复杂度过高，在不考虑数据关联的情况下，其复杂度与环境中路标（特征）数量 N 的平方成正比（$O(N^2)$），从一定程度上来说，限制了地图中能

```
1:    Algorithm Bayes_filter(bel(x_{k-1}),u_k,z_k)

2:        for all  x_k do

3:            bel̄(x_k)=∫p(x_k|u,x_{k-1})bel(x_{k-1})dx_{k-1}

4:            bel(x_k)=ηp(z_k|x_k)bel̄(x_k)

5:        end for

6:        return bel(x_k)
```

图 2-1　基本的贝叶斯滤波算法

够容纳的特征的数量，无法创建大规模地图，实时性也不符合要求。其次，存在数据关联问题，EKF-SLAM 算法以观测值与地图特征之间是一一对应的关系为最基本的前提条件，无法处理虚警、漏检和观测的不确定性等问题。

贝叶斯
公式 3

　　FastSLAM 算法将地图、轨迹联合后验概率密度估计分解为机器人位姿估计和已知机器人位姿条件下的地图特征估计两个过程，并且使用粒子滤波器完成机器人的定位任务，使用 N 个独立的 EKF 滤波器完成地图特征的估计，其计算复杂度降低为 $O(NN_p)$，其中 N_p 代表机器人轨迹粒子的个数。因此，FastSLAM 算法理论上适合大范围场景中的应用。遗憾的是，标准的 FastSLAM 算法通常会以已知的环境观测值和地图特征之间的数据关联为前提条件，从而尽可能地回避数据关联问题。但是，在现实的场景中，环境中的特征（路标）和特征的数目一般都是未知的，机器人必须解决新的特征观测和地图中已有特征之间的数据关联问题，以判断新观测到的特征到底是新生目标还是旧目标。因此，FastSLAM 只有在真正解决数据关联问题的条件下，才具有在大范围未知环境中应用的实际意义。

2. RFS-SLAM 特点

　　随机有限集理论扩大了随机变量统计理论的应用范围，实现了随机变量统计理论到随机集统计理论的推广。用 RFS 处理 SLAM 问题，也就是将地图特征和传感器观测信息都表示成随机有限集的形式，具体来说，这样做主要有三方面的优点：

贝叶斯
公式 4

　　（1）避免数据关联

　　数据关联一直被认为是制约 SLAM 技术发展的一个非常棘手的问题。数据关联不仅造成了巨大的计算负担，而且数据关联的正确率对算法的最终效果具有很大的影响。

　　对于 SLAM 使用的大多数传感器模型来说，其获得的观测信息的顺序和数量与机器人的位置以及传感器的朝向有关，与地图中地图特征的状态没有直接关系。如图 2-2 所示，假设机器人携带的是理想传感器，即每一时刻都能观测到地图中的所有路标，从图上

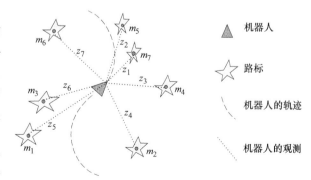

图 2-2　理想传感器的特征检测

看，传感器获得的观测信息的顺序与地图特征的顺序并不是一一对应的。也就是说，在传统的基于向量的 SLAM 算法中，观测 $Z = \begin{bmatrix} z_1 & z_2 & \cdots & z_7 \end{bmatrix}^{\mathrm{T}}$ 中 z_1 到 z_7 的顺序与地图特征（路标）$\hat{M} = \begin{bmatrix} m_1 & m_2 & \cdots & m_7 \end{bmatrix}^{\mathrm{T}}$ 中 m_1 到 m_7 的顺序不吻合。但是，在基于向量的 Bayesian 更新过程中，必须找到 Z 与 $\hat{M}$ 一一对应的关系才能完成更新过程（即数据关联是不可或缺的重要一步），才能得出特征的正确估计。而基于 RFS 的 SLAM 框架中，观测信息与地图特征都表示成随机有限集合的形式，集合中的元素不再考虑顺序问题，从而避免了数据关联。

（2）避免特征管理

机器人在移动过程中，由于环境特征在机器人视野的出现和消失具有不确定性，所以需要进行有效的地图管理。在现实情况中，对于非理想的传感器或者特征提取算法而言，由于检测的不确定性导致在特征检测过程中容易出现漏检、虚警等情况，从而使每一时刻观测到的特征数量都在变化。如图 2-3 所示，共有 7 个路标特征，其中 m_5、m_6 和 m_7

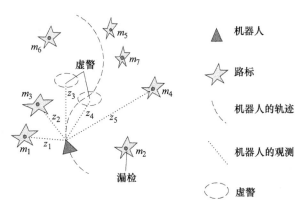

图 2-3　真实传感器的特征检测

不在机器人的视野范围内。由于传感器自身的原因或是特征检测算法存在缺陷，产生了两个虚警 z_3 和 z_4，同时路标特征 m_2 被漏检。

假设在 $k-1$ 时刻 m_1，m_2 和 m_3 已经进入了机器人的视野中，在 k 时刻，路标特征 m_4 也进入了机器人视野中。从严格的数学角度来说，基于矢量的 SLAM 框架中还无法清楚表达上述情况，见式（2-3）。

$$\hat{M}_{k-1} = \begin{bmatrix} m_1 & m_2 & m_3 \end{bmatrix}^{\mathrm{T}} \tag{2-3}$$

$$\hat{M}_k \overset{?}{=} \begin{bmatrix} m_1 & m_2 & m_3 \end{bmatrix}^{\mathrm{T}}{}'' + ''\begin{bmatrix} m_4 \end{bmatrix}$$

式中，"$\overset{?}{=}$" 表示不清楚如何对 $\hat{M}_k$ 赋值；"$'' + ''$" 表示不清楚如何添加 m_4；$\hat{M}_{k-1}$ 和 $\hat{M}_k$ 分别表示 $k-1$ 时刻和 k 时刻用向量表示的地图特征状态。然而，如果将地图特征表示成集合的形式，那么上述问题可以表示为

$$\hat{M}_{k-1} = \{m_1, m_2, m_3\} \tag{2-4}$$

$$\hat{M}_k = \{m_1, m_2, m_3\} \cup \{m_4\}$$

此外，SLAM 问题的另一个重要内容是将观测与特征的估计状态建立有效的联系。然而，正如式（2-5）所示，在基于向量的 SLAM 框架中，很难将观测与地图特征进行有效的关联。

$$\begin{bmatrix} z_1 z_2 z_3 z_4 \end{bmatrix}^{\mathrm{T}} = h(\begin{bmatrix} m_1 m_2 m_3 m_4 \end{bmatrix}^{\mathrm{T}}, X_k) + \boldsymbol{v}_k \tag{2-5}$$

如果将观测信息表示成 RFS 形式，即 $Z_k = \bigcup\limits_{m \in M_k} D_k(m, x_k) \cup C_k(x_k)$，具体见式（2-39）定义，观测信息集就能与地图特征集建立起严格的数学联系，也能很好地表达漏检、虚警等全部信息。

（3）误差定量分析

在大部分的移动机器人自主导航研究中，都将精力集中在怎样获得机器人的精确定位，而往往忽略地图特征估计精度的重要性，精确的特征地图估计是机器人精确定位和自主导航的前提。在实际应用中，绝大多数的机器人都通过传感器来获取外部信息，由于传感器精度存在误差，以及检测的不确定性，容易引起漏检、虚警等情况，所以在建图的过程中不可避免地会引入估计误差。

基于矢量的 SLAM 问题，建图估计误差的量化分析比较困难。如图 2-4a 所示，真实的地图特征向量 $M = \begin{bmatrix} 0 & 0 & 1 & 1 \end{bmatrix}^T$，机器人的运动轨迹如箭头所示，机器人根据路标特征出现在视野中的先后顺序，得到地图特征的估计向量 $\hat{M} = \begin{bmatrix} 1 & 1 & 0 & 0 \end{bmatrix}^T$。尽管特征地图的估计非常准确，但使用两点间欧几里得距离求取地图的估计误差时，误差值却非常大，即 $\|M - \hat{M}\|$ 的值为 2，这种不一致现象的出现，主要是由于矢量自身的元素顺序导致的。另一方面，如图 2-4b 所示，当机器人在行进过程中，只估计到一个地图特征，即 $\hat{M} = \begin{bmatrix} 1 & 1 \end{bmatrix}^T$，此时 M 与 $\hat{M}$ 两个向量的大小不一致，从数学角度来说，很难定义一个误差度量的标准。

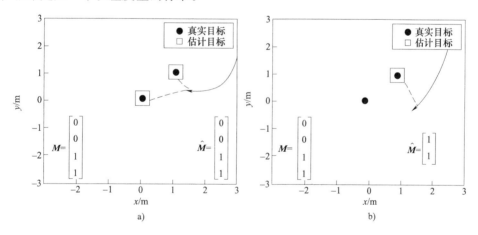

图 2-4　特征地图估计与真实值差异比较

为了解决上述问题，将地图特征表示成随机有限集合的形式，分析两个集合之间的距离或者错误匹配就变得非常容易，使用 OSPA（Optimal Sub-pattern Assignment）距离分析方法，可以避免估计误差与估计结果不一致情况的发生。

2.2　基于矢量的 SLAM 经典算法

2.2.1　EKF-SLAM 算法基本原理

从概率的观点看，SLAM 问题有两个主要的形式：一个是在线 SLAM 问题，它涉及瞬时位姿估计和地图的后验问题，即 $p(x_k, m \mid z_{1:k}, u_{1:k})$，其中，$x_k$ 是 k 时刻机器人的位姿，m 为地图，$z_{1:k}$ 和 $u_{1:k}$ 分别为观测值和控制量；第二个是全 SLAM 问题，这是计算全路径 $x_{1:k}$ 与地图的后验，即 $p(x_{1:k}, m \mid z_{1:k}, u_{1:k})$。在实际应用中，在线 SLAM 问题是对全 SLAM 问题的过去位姿积分的结果。

$$p(x_k, m \mid z_{1:k}, u_{1:k}) = \iint \cdots \int p(x_{1:k}, m \mid z_{1:k}, u_{1:k}) \mathrm{d}x_1 \mathrm{d}x_2 \cdots \mathrm{d}x_{k-1} \tag{2-6}$$

卡尔曼滤波算法 1

SLAM 问题拥有连续和离散的特点。连续的估计问题涉及地图中物体的定位和机器人位姿量。在基于特征的表示方式中，离散特性与一致性有关。当物体被检测到时，SLAM 算法推理该物体与之前被检测到的物体之间的联系。该推理过程是离散的，当物体被检测到时，SLAM 算法推理该物体与之前被检测到的物体之间的联系，即判断该物体与之前探测到的是否为同一个物体。用于估计机器人位姿的 EKF 定位问题是连续的，但估计各个测量与地图中的各地标的一致性是离散的。

卡尔曼滤波算法 2

EKF-SLAM 算法使用最大似然数据关联将 EKF 应用于在线 SLAM。在 EKF-SLAM 算法中，地图是基于特征的，地图由地标点组成。机器人利用距离方位传感器进行观测有一个关键的问题——数据关联，当地标不能唯一确定时，这个问题就会出现。地标点的不确定性越小，EKF 方法的效果越好。本章后续介绍 EKF-SLAM 算法基本原理都是在已知一致性的情况下讨论的，这样可以避免考虑数据关联的问题。

EKF-SLAM 算法估计机器人位姿 x_k 的同时，还对估计路径中所遇到的所有地标点 m 的坐标进行估计。将包含机器人位姿和地图的状态矢量称为联合状态矢量，并将该矢量定义为 y_k。用均值 μ_k 和方差 P_k 来描述机器人在 k 时刻的联合状态，该联合状态矢量由下式给出

$$\boldsymbol{y}_k = \begin{bmatrix} x_k \\ m \end{bmatrix} = \begin{bmatrix} x_{k,x} & x_{k,y} & x_{k,\theta} & m_{1,x} m_{1,y} \\ s_1 \cdots & m_{N,x} & m_{N,y} & s_N \end{bmatrix}^{\mathrm{T}} \tag{2-7}$$

该状态矢量是（$3N+3$）维的，式中 $x_{k,x}$、$x_{k,y}$、$x_{k,\theta}$ 为机器人在 k 时刻的位姿坐标；$m_{i,x}$ 和 $m_{i,y}$ 为第 i 个地标的坐标，$i = 1, \cdots, N$；s_i 为该地标的签名。EKF-SLAM 算法流程图如图 2-5 所示。

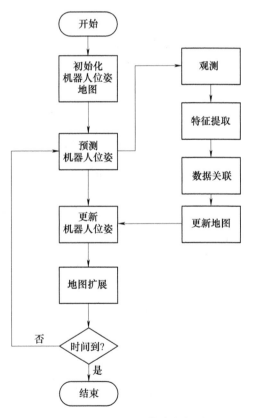

图 2-5　EKF-SLAM 算法流程图

拓展卡尔曼滤波算法

1. 预测阶段

机器人从 $k-1$ 时刻到 k 时刻的状态变化可由非线性函数 g 来描述

$$\boldsymbol{y}_k = g(\boldsymbol{u}_k, \boldsymbol{y}_{k-1}) + \boldsymbol{\varepsilon}_k \tag{2-8}$$

式中，$\boldsymbol{y}_k$ 和 $\boldsymbol{y}_{k-1}$ 为状态向量；$\boldsymbol{u}_k$ 为控制向量，向量中包含平移速度 v_k 和旋转速度 ω_k；

随机变量 ε_k 是一个高斯随机向量，表示状态转移的不确定性。预测机器人运动时，状态矢量根据标准无噪声速度模型的变化如下

$$\boldsymbol{y}_k = \boldsymbol{y}_{k-1} + \begin{bmatrix} -\dfrac{v_k}{\omega_k}\sin x_{k-1,\theta} + \dfrac{v_k}{\omega_k}\sin(x_{k-1,\theta} + \omega_k\Delta k) \\[2mm] \dfrac{v_k}{\omega_k}\cos x_{k-1,\theta} - \dfrac{v_k}{\omega_k}\cos(x_{k-1,\theta} + \omega_k\Delta k) \\[2mm] \omega_k\Delta k \\ 0 \\ \vdots \\ 0 \end{bmatrix} \tag{2-9}$$

式中，Δk 为 $k-1$ 时刻到 k 时刻的变化量；$x_{k-1,x}$、$x_{k-1,y}$、$x_{k-1,\theta}$ 为机器人在 $k-1$ 时刻的位姿坐标；由于运动只影响机器人的位姿，而且所有地标保持不动，因此只有前三个元素发生变化，这样可将上式写成式（2-10）的形式

$$\boldsymbol{y}_k = \boldsymbol{y}_{k-1} + \boldsymbol{F}_x^{\mathrm{T}} \begin{bmatrix} -\dfrac{v_k}{\omega_k}\sin x_{k-1,\theta} + \dfrac{v_k}{\omega_k}\sin(x_{k-1,\theta} + \omega_k\Delta k) \\[2mm] \dfrac{v_k}{\omega_k}\cos x_{k-1,\theta} - \dfrac{v_k}{\omega_k}\cos(x_{k-1,\theta} + \omega_k\Delta k) \\[2mm] \omega_k\Delta k \end{bmatrix} \tag{2-10}$$

式中，$\boldsymbol{F}_x^{\mathrm{T}}$ 表示将三维状态矢量映射到 $(3N+3)$ 维矢量的变换矩阵，其中

$$\boldsymbol{F}_x = \begin{bmatrix} 1 & 0 & 0 & 0 & \cdots & 0 \\ 0 & 1 & 0 & 0 & \cdots & 0 \\ 0 & 0 & 1 & \underbrace{0 \quad \cdots \quad 0}_{3N} \end{bmatrix}$$

带噪声的全运动模型可由下式表示

$$\boldsymbol{y}_k = \boldsymbol{y}_{k-1} + \boldsymbol{F}_x^{\mathrm{T}} \begin{bmatrix} -\dfrac{v_k}{\omega_k}\sin x_{k-1,\theta} + \dfrac{v_k}{\omega_k}\sin(x_{k-1,\theta} + \omega_k\Delta k) \\[2mm] \dfrac{v_k}{\omega_k}\cos x_{k-1,\theta} - \dfrac{v_k}{\omega_k}\cos(x_{k-1,\theta} + \omega_k\Delta k) \\[2mm] \omega_k\Delta k \end{bmatrix} + N(0, \boldsymbol{F}_x^{\mathrm{T}}Q_k\boldsymbol{F}_x^{\mathrm{T}}) \tag{2-11}$$

式中，Q_k 为控制误差的协方差；$N(0, \boldsymbol{F}_x^{\mathrm{T}}Q_k\boldsymbol{F}_x^{\mathrm{T}})$ 表示服从均值为 0，方差为 $\boldsymbol{F}_x^{\mathrm{T}}Q_k\boldsymbol{F}_x^{\mathrm{T}}$ 的高斯分布。

为提高计算效率，通常在 EKF 中利用一阶泰勒展开的方法对函数 g 进行线性化。将函数 $g(u_k, y_{k-1})$ 在机器人 $k-1$ 时刻的状态后验均值 μ_{k-1} 处一阶泰勒展开

$$g(u_k, y_{k-1}) \approx g(u_k, \mu_{k-1}) + G_k(y_{k-1} - \mu_{k-1}) \tag{2-12}$$

式中，雅可比矩阵 $\boldsymbol{G}_k = g'(u_k, \mu_{k-1})$ 为函数 g 在 u_k 和 μ_{k-1} 处对 y_{k-1} 的导数。式（2-12）的加法形式可将此雅可比矩阵分解为一个单位矩阵加上一个低维雅可比矩阵 g_k，该低维矩阵描述机器人位姿的改变

$$\boldsymbol{G}_k = \boldsymbol{I} + \boldsymbol{F}_x^{\mathrm{T}}g_k\boldsymbol{F}_x \tag{2-13}$$

将此近似值带入标准的 EKF 算法中，可以得出在 k 时刻机器人预测的联合状态的均值 $\bar{\mu}_k$ 和协方差 $\bar{P}_k$

$$\bar{\mu}_k = \mu_{k-1} + \boldsymbol{F}_x^{\mathrm{T}} \begin{bmatrix} -\dfrac{v_k}{\omega_k}\sin x_{k-1,\theta} + \dfrac{v_k}{\omega_k}\sin(x_{k-1,\theta} + \omega_k \Delta k) \\[2mm] \dfrac{v_k}{\omega_k}\cos x_{k-1,\theta} - \dfrac{v_k}{\omega_k}\cos(x_{k-1,\theta} + \omega_k \Delta k) \\[2mm] \omega_k \Delta k \end{bmatrix} \tag{2-14}$$

$$\bar{P}_k = \boldsymbol{G}_k P_{k-1} \boldsymbol{G}_k^{\mathrm{T}} + \boldsymbol{F}_x^{\mathrm{T}} Q_k \boldsymbol{F}_x \tag{2-15}$$

式中，P_{k-1} 为机器人在 $k-1$ 时刻联合状态的协方差。

2. 观测更新阶段

基于特征的地图测量模型是通过一致性 c_k 来推测地标的信息。令 $j = c_k^i$ 为测量向量中第 i 个分量所对应地标的身份，$(m_{j,x},\ m_{j,y})$ 为在 k 时刻探测到的第 i 个地标的坐标，$m_{j,s}$ 为它的签名。则观测模型可以由下式表示

$$z_k^i = \begin{bmatrix} r_k^i \\ \phi_k^i \\ s_k^i \end{bmatrix} = \underbrace{\begin{bmatrix} \sqrt{(m_{j,x} - x_{k,x})^2 + (m_{j,y} - x_{k,y})^2} \\ \mathrm{atan2}(m_{j,y} - x_{k,y}, m_{j,x} - x_{k,x}) - x_{k,\theta} \\ m_{j,s} \end{bmatrix}}_{h(y_k,j)} + N(0, R_k) \tag{2-16}$$

式中，i 为 z_k 中观测到的地标索引号；r_k^i 为地标相对机器人的距离；ϕ_k^i 为地标相对机器人的角度；s_k^i 为地标签名；R_k 为观测误差的协方差。

如果路标 j 是第一次观测到，路标 j 可以表示为

$$\begin{bmatrix} \bar{\mu}_{j,x} \\ \bar{\mu}_{j,y} \\ \bar{\mu}_{j,s} \end{bmatrix} = \begin{bmatrix} \bar{\mu}_{k,x} \\ \bar{\mu}_{k,y} \\ s_k^i \end{bmatrix} + \begin{bmatrix} r_k^i \cos(\phi_k^i + \bar{\mu}_{k,\theta}) \\ r_k^i \sin(\phi_k^i + \bar{\mu}_{k,\theta}) \\ 0 \end{bmatrix} \tag{2-17}$$

式中，$\begin{bmatrix} \bar{\mu}_{k,x} & \bar{\mu}_{k,y} & \bar{\mu}_{k,\theta} \end{bmatrix}^{\mathrm{T}}$ 是机器人在 k 时刻的预测位姿向量；$\bar{\mu}_{j,x}$、$\bar{\mu}_{j,y}$ 为路标 j 的坐标；$\bar{\mu}_{j,s}$ 为 j 的地标签名。

如果路标 j 之前被观测到，那么 k 时刻对路标的观测数据可以表示为

$$\hat{z}_k^i = \begin{bmatrix} \sqrt{(\bar{\mu}_{j,x} - \bar{\mu}_{k,x})^2 + (\bar{\mu}_{j,y} - \bar{\mu}_{k,y})^2} \\ \mathrm{atan2}(\bar{\mu}_{j,x} - \bar{\mu}_{k,x}, \bar{\mu}_{j,y} - \bar{\mu}_{k,y}) - \bar{\mu}_{k,\theta} \\ \bar{\mu}_{j,s} \end{bmatrix} \tag{2-18}$$

将式（2-16）在预测的状态 $\bar{\mu}_k$ 处一阶泰勒展开，近似成线性函数

$$h(y_k, j) \approx h(\bar{\mu}_k, j) + H_k^i(y_k - \bar{\mu}_k) \tag{2-19}$$

式中，H_k^i 为函数 h 对全状态矢量 y_k 的导数。由于函数 h 只依赖状态矢量中的两个元素，即机器人的位姿 x_k 和第 j 个地标 m_j，因此，该导数可分解为低维雅可比矩阵 $\boldsymbol{h}_k^i$ 和矩阵 $\boldsymbol{F}_{x,j}$，矩阵 $\boldsymbol{F}_{x,j}$ 将 $\boldsymbol{h}_k^i$ 映射为与全状态矢量同维的矩阵

$$H_k^i = h_k^i F_{x,j} \tag{2-20}$$

相应的卡尔曼增益为：

$$K_k^i = \overline{P}_k H_k^{iT} (H_k^i \overline{P}_k H_k^{iT} + R_k)^{-1} \tag{2-21}$$

综合观测之后，对机器人位姿和地图特征的联合状态矢量进行更新

$$\mu_k = \overline{\mu}_k + K_k^i (z_k^i - \hat{z}_k^i) \tag{2-22}$$

$$P_k = (I - K_k^i H_k^i) \overline{P}_k \tag{2-23}$$

2.2.2　EKF-SLAM 算法的 MATLAB 仿真验证

实验所采用的两轮差动机器人运动模型如图 2-6 所示，P' 表示机器人主体的几何中心，C 表示两个驱动轮轴线的中心，L 为主从驱动轮的轴距。在全局坐标系中，(x, y) 为轮轴中心点 C 的坐标，θ 为机器人的姿态角，取值范围为 $[-\pi, \pi]$。机器人的位姿向量可以表示成 $\boldsymbol{x}_k = [x_{k,x} \quad x_{k,y} \quad x_{k,\theta}]^T$。$v$ 表示机器人的平移速度，ω 为旋转速度，机器人的输入控制量可表示为 $\boldsymbol{u}_k = [v_k \quad \omega_k]^T$。该机器人平台两个驱动轮之间的轮轴中心与机器人的几何中心不重合，其前轮可以进行转向操作，后轮为固定的驱动轮，假设车身中心装

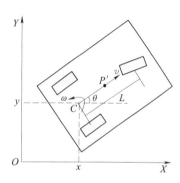

图 2-6　机器人运动模型

粒子滤波
算法 1

粒子滤波
算法 2

有传感器（如激光、声纳、里程计等），传感器固联坐标系与自主移动车辆的本体系一致，可对路标进行观测获得传感数据。

仿真机器人配备有测距和测角传感器，仿真试验中使用的机器人的平移速度为 3m/s，控制的线速度误差为 0.3m，角速度误差为 3°。传感器的最大观测距离 30m，观测的测距误差为 0.1m，测角误差为 1°。

图 2-7 加载的地图长度为 250m，宽度为 200m，x、y 轴的单位为米。地图中共有 17 个导航点和 35 个特征。机器人从原点出发，根据导航点的指引按预定路线逆时针行进。机器人在运动过程中通过自身的传感器不断对周围环境进行观测，这里假设所有特征的检测概率相等。图 2-7a～d 是机器人从开始到结束的特征估计和机器人状态估计的过程图，图 2-7e 是机器人到达终点时图 2-7d 中方框区域的局部放大图。

由于存在机器人最大转角和最大角速度的限制，所以机器人经历仿真环境中的每个急转弯时，都会偏离规划路径。

2.2.3　FastSLAM 算法基本原理

基于卡尔曼滤波器的 SLAM 算法假设状态向量和噪声服从高斯分布，EKF-SLAM 算法还要求运动模型和观测模型是近似线性的。对于非线性非高斯系统，采用卡尔曼滤波器对均值和方差的近似并不能完全表征状态向量的真实分布特性，就 EKF 而言，其线性预测和更新过程会引入较大的估计误差。

粒子滤波器（Particle Filter）用离散的随机采样点（粒子）来表征状态向量的后验概率密度函数，它对于非线性非高斯系统的估计问题具有普遍适用性。粒子滤波器

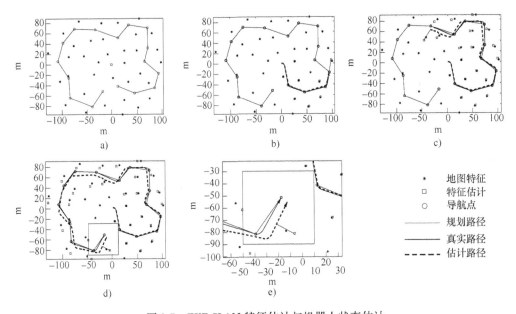

图 2-7 EKF-SLAM 特征估计与机器人状态估计

a) 开始 b) 2000 步 c) 5000 步 d) 结束 e) 局部放大图

ekfslam
仿真

的计算复杂度与状态向量的维数成指数关系，将粒子滤波器应用于高维估计问题时计算量非常大，Murphy 等人将全状态滤波器分解，提出了 Rao-Blackwellise 粒子滤波器，大大降低了粒子滤波器的计算复杂度。Montemerlo 等人采用 Rao-Blackwellise 粒子滤波器提出 FastSLAM 算法，其可扩展性优于基于卡尔曼滤波器的 SLAM 算法。该方法用粒子滤波器估计机器人路径的后验 $p(x_{1:k} \mid z_{1:k}, u_{1:k}, c_{1:k})$；对于地图中的每个特征，FastSLAM 算法对其位置使用单独的估计器 $p(m_n \mid x_{1:k}, z_{1:k}, c_{1:k})$。FastSLAM 算法的关键数学观点是可以将全 SLAM 后验 $p(x_{1:k}, m \mid z_{1:k}, u_{1:k}, c_{1:k})$ 分解成如下因式形式

$$p(x_{1:k}, m \mid z_{1:k}, u_{1:k}, c_{1:k}) = p(x_{1:k} \mid z_{1:k}, u_{1:k}, c_{1:k}) \prod_{n=1}^{N} p(m_n \mid x_{1:k}, z_{1:k}, c_{1:k}) \quad (2\text{-}24)$$

式中，N 为地图中特征的个数。这个因式分解表明路径和地图后验的计算可以分解为 $N+1$ 个概率。因此 FastSLAM 算法中总计有 $N+1$ 个后验。特征估计器以机器人路径为条件，这意味着对于每一个粒子，都要独立运行各个特征估计器。如果有 M 个粒子，滤波器的个数实际是 $MN+1$。因式分解的意义在于计算优势，因为所有 $MN+1$ 个滤波器都是低维的。这些概率的乘积以因式分解方式表示期望后验。

FastSLAM 算法使用粒子滤波器估计路径的后验，使用 EKF 估计地图特征的位置，因式分解使得 FastSLAM 算法能为每个特征维持独立的 EKF。每个独立的 EKF 是以机器人路径为条件，每个粒子拥有它自己的 EKF 集合，地图里的一个特征对应一个 EKF。因此，总共存在 MN 个 EKF。已知数据关联情况的 FastSLAM 1.0 算法如图 2-8 所示。

FastSLAM 算法中的粒子可以表示为

$$Y_k^i = \{x_k^i, \mu_{1,k}^i, P_{1,k}^i, \cdots, \mu_{n,k}^i, P_{n,k}^i\} \quad (2\text{-}25)$$

式中，i 为粒子的索引；x_k^i 为机器人的路径估计；$\mu_{n,k}^i$ 和 $P_{n,k}^i$ 为第 i 个粒子的第 n 个特征

位置的均值和协方差。根据时刻 $k-1$ 的后验计算 k 时刻的后验，从 $k-1$ 时刻的粒子集 Y_{k-1} 中产生新的粒子集 Y_k。这个集合合并了新的控制 u_k 和测量 z_k，以及相关的一致性 c_k。

（1）通过采样新位姿扩展路径后验

通过控制输入 u_k 为 Y_{k-1} 中的每个粒子采样出新的机器人位姿 x_k，即第 i 个粒子对应的位姿为

$$x_k^i \sim p(x_k \mid x_{k-1}^i, u_k) \qquad (2\text{-}26)$$

式中，x_{k-1}^i 为第 i 个粒子中机器人在 $k-1$ 时刻的后验估计，产生的采样结果 x_k^i 被增加到粒子的临时集合中，同时还有之前的位姿路径 $x_{1:k-1}^i$。

（2）更新观测到的特征估计

特征更新后的值与新位姿一起被增加到临时的粒子集合中，准确的更新方程依赖特征 m_n 是否在 k 时刻被观测到。对于没有观测到的特征，其后验保持不变

$$\{\boldsymbol{\mu}_{n,k}^i, P_{n,k}^i\} = \{\boldsymbol{\mu}_{n,k-1}^i, P_{n,k-1}^i\}$$

$$(2\text{-}27)$$

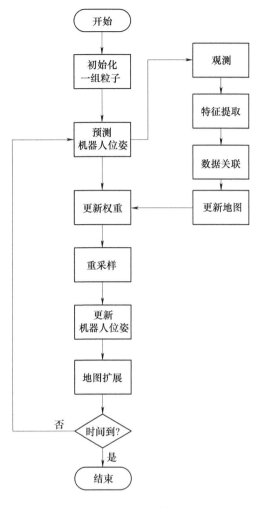

图 2-8　FastSLAM 1.0 算法流程图

对于观测到的特征，使用贝叶斯准则更新

$$p(m_{c_k} \mid x_{1:k}, z_{1:k}, c_{1:k}) = \eta p(z_k \mid x_k, m_{c_k}, c_k) p(m_{c_k} \mid x_{1:k-1}, z_{1:k-1}, c_{1:k-1}) \qquad (2\text{-}28)$$

概率 $p(m_{c_k} \mid x_{1:k-1}, z_{1:k-1}, c_{1:k-1})$ 在时刻 $k-1$ 由具有均值 $\mu_{n,k-1}^i$ 和协方差 $P_{n,k-1}^i$ 的高斯分布表示。在时刻 k 对新的估计也用高斯分布表示，FastSLAM 算法以 EKF-SLAM 同样的方法线性化感知模型 $p(m_{c_k} \mid x_k, z_k, c_k)$。

$$h(m_{c_k}, x_k^i) \approx \underbrace{h(\mu_{c_k, k-1}^i, x_k^i)}_{=: \hat{z}_k^i} + \underbrace{h'(x_k^i, \mu_{c_k, k-1}^i)}_{=: H_k^i} (m_{c_k} - \mu_{c_k, k-1}^i)$$

$$= \hat{z}_k^i + H_k^i (m_{c_k} - \mu_{c_k, k-1}^i) \qquad (2\text{-}29)$$

在这个近似下，特征 c_k 的位置的后验估计是高斯的，新的均值和协方差可以用 EKF 测量更新得到

$$K_k^i = P_{c_k, k-1}^i \boldsymbol{H}_k^{i\ \mathrm{T}} (\boldsymbol{H}_k^i P_{c_k, k-1}^i \boldsymbol{H}_k^{i\ \mathrm{T}} + \boldsymbol{R}_k)^{-1} \qquad (2\text{-}30)$$

$$\boldsymbol{\mu}_{c_k, k}^i = \mu_{c_k, k-1}^i + K_k^i (z_k - \hat{z}_k^i) \qquad (2\text{-}31)$$

$$P_{c_k, k}^i = (\boldsymbol{I} - K_k^i \boldsymbol{H}_k^i) P_{c_k, k-1}^i \qquad (2\text{-}32)$$

重复步骤（1）、（2）M 次，产生 M 个粒子的临时集合 $\overline{Y}_k$。

（3）重采样

重采样的必要性来自于步骤（1）中临时集合粒子不是根据期望的后验分布，仅根据控制 u_k 产生的位姿 x_k，忽略了测量 z_k。在 FastSLAM 中，建议分布不依赖于 z_k，但目标分布依赖于 z_k。Y_{k-1} 的路径粒子服从 $p(x_{1:k-1} \mid z_{1:k-1}, u_{1:k-1}, c_{1:k-1})$ 分布，临时集合的粒子建议分布服从如下分布

$$p(x_{1:k}^i \mid z_{1:k-1}, u_{1:k}, c_{1:k-1}) = p(x_k^i \mid x_{k-1}^i, u_k)p(x_{1:k-1}^i \mid z_{1:k-1}, u_{1:k-1}, c_{1:k-1}) \qquad (2\text{-}33)$$

目标分布 $p(x_{1:k}^i \mid z_{1:k}, u_{1:k}, c_{1:k})$ 考虑当前时刻的观测值 z_k 和一致性 c_k。重采样过程导致了目标分布和建议分布的不同，重采样重要性系数由目标分布和建议分布的商给出

$$
\begin{aligned}
\omega_k^i &= \frac{p(x_{1:k}^i \mid z_{1:k}, u_{1:k}, c_{1:k})}{p(x_{1:k}^i \mid z_{1:k-1}, u_{1:k}, c_{1:k-1})} \\
&= \frac{\eta p(z_k \mid x_{1:k}^i, z_{1:k-1}, u_{1:k}, c_{1:k})p(x_{1:k}^i \mid z_{1:k-1}, u_{1:k}, c_{1:k})}{p(x_{1:k}^i \mid z_{1:k-1}, u_{1:k}, c_{1:k-1})} \\
&= \frac{\eta p(z_k \mid x_k^i, c_k)p(x_{1:k}^i \mid z_{1:k-1}, u_{1:k}, c_{1:k-1})}{p(x_{1:k}^i \mid z_{1:k-1}, u_{1:k}, c_{1:k-1})} \\
&= \eta p(z_k \mid x_k^i, c_k)
\end{aligned}
\qquad (2\text{-}34)
$$

为了计算式（2-34）中的 $p(z_k \mid x_k^i, c_k)$，需要进一步变换，在变换时，可以忽略与传感器测量值不相关的变量。

$$
\begin{aligned}
\omega_k^i &= \eta \int p(z_k \mid m_{c_k}, x_k^i, c_k)p(m_{c_k} \mid x_k^i, c_k)\,\mathrm{d}m_{c_k} \\
&= \eta \int p(z_k \mid m_{c_k}, x_k^i, c_k)p(m_{c_k} \mid x_{1:k-1}^i, z_{1:k-1}, c_{1:k-1})\,\mathrm{d}m_{c_k}
\end{aligned}
\qquad (2\text{-}35)
$$

式中，$p(m_{c_k} \mid x_{1:k-1}^i, z_{1:k-1}, c_{1:k-1})$ 是服从均值为 $\mu_{c_k, k-1}^i$ 协方差为 $P_{c_k, k-1}^i$ 的高斯分布，式中的积分项包含了在时间 k 所观测到的特征位置估计和测量模型。FastSLAM 算法采用与步骤（2）使用的测量更新完全相同的线性近似，重要性系数如下所示

$$\omega_k^i \approx \eta \mid 2\pi \boldsymbol{R}_k^i \mid^{-\frac{1}{2}} \exp\left\{ -\frac{1}{2}(z_k - \hat{z}_k^i)^{\mathrm{T}} \boldsymbol{R}_k^{i\,-1}(z_k - \hat{z}_k^i) \right\} \qquad (2\text{-}36)$$

$$\boldsymbol{R}_k^i = \boldsymbol{H}_k^{i\mathrm{T}} \boldsymbol{P}_{n,k-1}^i \boldsymbol{H}_k^i + \boldsymbol{R}_k \qquad (2\text{-}37)$$

得到的重要性权重用来从临时采样集合 $\overline{Y}_k$ 抽取更换 M 个新样本得到 Y_k。通过这个采样过程，粒子是否能保留下来与它们的测量概率成比例。

步骤（1）~（3）构成了 FastSLAM 1.0 的更新规则。FastSLAM 1.0 采样仅基于控制 u_k，然后使用测量 z_k 计算重要性权重。但是，当控制精度低于机器人传感器精度时，就会出现问题。FastSLAM 2.0 在很大程度上与 FastSLAM 1.0 类似，但在对位姿 x_k 采样时，建议分布考虑测量 z_k。FastSLAM 2.0 根据控制 u_k 和测量 z_k 进行位姿采样，从而避免了这个问题，结果上 FastSLAM 2.0 比 FastSLAM 1.0 更高效。但是，FastSLAM 2.0 比 FastSLAM 1.0 更难实现，并且它的数学推导更加复杂。

2.2.4 FastSLAM 算法的 MATLAB 仿真

FastSLAM 算法的相关参数设置和模型与 EKF-SLAM 算法类似，仿真机器人配备有测距和测角传感器，仿真试验中使用的机器人的前向速度为 3m/s，控制的线速度误差为 0.3m，角速度误差为 3°。传感器的最大观测距离为 30m，观测的测距误差为 0.1m，测角误差为 1°。采样的粒子数为 100。

FastSLAM 的仿真示例如图 2-9 所示，加载的地图长度为 250m，宽度为 200m，x、y 轴的单位为米。地图中共有 17 个导航点和 35 个特征，机器人从原点出发。图 2-9a ~ d 是机器人从开始到结束的特征估计和机器人状态估计的过程图，图 2-9e 是机器人到达终点时图 2-9d 方框区域的局部放大图。

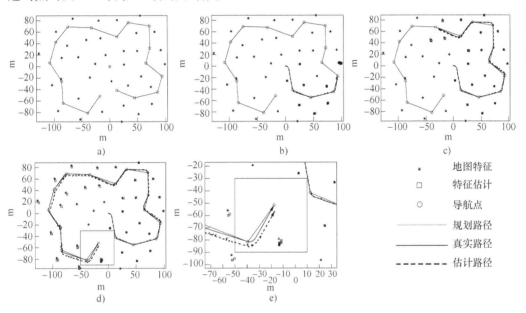

fast-slam
仿真

图 2-9　FastSLAM 特征估计与机器人状态估计

a）开始　b）2000 步　c）5000 步　d）结束　e）局部放大图

2.3　基于随机有限集的 SLAM 算法

2.3.1　随机有限集

随机有限集最早起源于随机集理论，主要是指有限集统计（finite set statistics，FISST）理论，需要较为复杂的数学基础，如集合论、逻辑代数、测度论、拓扑学和泛函分析等。随机集是指取值为集合的随机元，是概率论中随机变量（或随机向量）概念的推广，实际上就是元素及其个数都是随机变量的集合。随机变量处理的是随机点值函数，而随机集处理的是随机集值函数。随机集理论是点变量（向量）统计学向集合变量统计学的一种推广。该理论能够解决复杂环境下信息融合、多目标跟踪的各种问题，是目前信息融合和多目标跟踪研究领域最受关注的方向之一。利用随机有限集理论，可以将多目标问题中的探测、跟踪、属性识别等问题统一起来，并能解决多目标状态的后验估计、多目标信息融合算法的性能评估等棘手问题。

20世纪70年代，随机集理论最早由 D. G. Kendall 和 G. Matheron 分别基于统计几何的思想各自独立提出的。G. Matheron 在研究的过程中丰富了随机集理论。随后，Mahler 于1994年系统地提出了随机集理论的一种特例，即有限集合统计学理论，该理论在信息融合和多目标跟踪领域中的应用经历了三个发展阶段：

（1）研究起步阶段（1994—1996年）

该阶段的研究主要集中在多传感器多目标跟踪问题利用随机集理论的数学描述。Mahler 将一些单传感器和单目标的概念直接推广到多传感器多目标系统。利用 Bayes 方法、随机集统计学理论对多传感器多目标状态估计问题进行了重新描述，并证明 Dempster-Shafer 理论、模糊逻辑、基于准则的推理都是规范 Bayes 建模方法的推论。

（2）研究发展阶段（1997—1999年）

这段时期，Mahler 等人在前期研究基础上完善了多目标系统规范 Bayes 方法的有关内容，更着力设计一种更为系统和实际的不确定信息处理和融合方法。

（3）理论研究成果的实现阶段（2000年至今）

在此期间，Mahler 等人利用随机集理论将单传感器单目标系统推广到多传感器多目标系统的研究中。从统计的角度提出了多目标集合概率分布的"一阶矩滤波器"概念以及相应的 PHD 滤波算法。

近年来，基于随机集理论的方法应用在信息融合和多目标跟踪中，越来越受到学者的重视，国外学者以 I. R. Goodman，Ronald Mahler，Ba-Ngu Vo 等为代表，已取得大量的理论成果和一些应用成果。

2.3.2 基于随机有限集的 SLAM

1. 基于 RFS 的 SLAM 模型表示

当从传感器获取测量信息时，由于传感器受周围环境的影响和自身视角的改变，被测量的特征会在机器人的可视范围内可能由出现变消失，也可能由消失变出现；加上传感器自身的不确定性和杂波的影响，有可能会对测量造成漏检、虚警。这些情况都可以以 RFS 的形式进行表示，把测量表示成一个集合的形式，其中的元素与顺序没有关系。在此基础上，用 RFS 的形式来表示每一时刻的地图特征状态和观测信息，可以有效表达多特征、多观测的状态。根据 RFS 的定义，可把地图中的特征以 RFS 的形式表示为

$$M_{k-1} = \{m_{k-1}^1, m_{k-1}^2, \cdots, m_{k-1}^{n_{k-1}}\} \tag{2-38}$$

式中，n_{k-1} 表示 $k-1$ 时刻地图中特征的数量；m_{k-1}^i 表示地图中的第 i 个特征或路标。

为了方便 SLAM 问题的统一处理，需要把传感器的观测信息以 RFS 的形式进行表示，能更好地表达传感器观测的不确定性及其杂波的影响，观测集的表示如下

$$Z_k = \bigcup_{m \in M_k} D_k(m, x_k) \cup C_k(x_k) \tag{2-39}$$

式中，x_k 表示机器人已知的位姿；$D_k(m, x_k)$ 表示传感器对地图特征 m 进行观测产生的 RFS；$C_k(x_k)$ 表示虚警的 RFS；$D_k(m, x_k)$ 和 $C_k(x_k)$ 的观测会受机器人位姿的影响，

机器人每一时刻位姿的不同，对这些观测产生的结果也会不尽相同。所以，Z_k 中的观测的特征数目与 Z_{k-1} 并不一定完全相同。$Z_k = \{z_k^1, z_k^2, \cdots, z_k^{\Im_k}\}$ 由一个随机数组成，$\Im_k$ 表示测量索引，z_k^i 的出现顺序与估计地图特征之间没有联系。

上述都是基于 $D_k(m, x_k)$ 和 $C_k(x_k)$ 相互独立这一假设基础之上，二者相互不影响。若 $D_k(m, x_k)$ 被认为是一个多伯努利的 RFS，当没有产生测量 $D_k(m, x_k) = \{\varnothing\}$，其概率为 $1 - P_D(m \mid x_k)$。当 $D_k(m, x_k) = \{z_k^i\}$，概率密度为 $P_D(m \mid x_k) g_k(z_k^i \mid m, x_k)$，$P_D(m \mid x_k)$ 表示机器人在 x_k 处时，机器人检测到特征 m 的概率，$g_k(z_k^i \mid m, x_k)$ 表示 m 处特征生成测量 z_k^i 的似然函数。

2. 基于 RFS 的 SLAM 问题描述

无论是机器人的位姿 x_k，特征地图中的 M_k，还是观测的信息 Z_k，在 SLAM 中都以 RFS 的形式表示。那么 x_k、M_k、Z_k 下的联合估计的后验概率密度可表示为 $p_k(x_{1:k}, M_k \mid Z_{0:k}, u_{0:k}, x_0)$，在贝叶斯下的递推过程如下所示：

1）根据之前的机器人的位姿和控制输入量进行预测

$$p_{k|k-1}(x_{1:k}, M_k \mid Z_{0:k-1}, u_{0:k}, x_0) = f_x(x_k \mid x_{k-1}, u_k) \times$$
$$\int f_M(M_k \mid M_{k-1}, x_k) \times p_{k-1}(M_{k-1}, x_{1:k-1})\delta M_{k-1} \tag{2-40}$$

2）根据当前观测的测量集合进行更新

$$p_k(x_{1:k}, M_k \mid Z_{0:k}, u_{0:k}, x_0) =$$
$$\frac{g_k(Z_k \mid M_k, x_k) \, p_{k|k-1}(x_{1:k}, M_k \mid Z_{0:k-1}, u_{0:k}, x_0)}{g_k(Z_k \mid Z_{0:k-1}, x_0)} \tag{2-41}$$

式中，δ 是一组集合，$g_k(Z_k \mid M_k, x_k)$ 表示给定位姿 x_k 和地图 M_k 的测量 Z_k 的似然函数。

2.3.3 PHD-SLAM 算法基本原理

处理基于集合估计的一个近似方法是利用概率假设密度（probability hypothesis density，PHD）v_k，这也被称为强度函数。PHD 滤波器与传统的基于矢量的方法相反，基于矢量的方法需要外部方法来确定地图特征的数量，然后尝试优化其位置估计。PHD 滤波器跟踪整体特征的建图，并在进行新测量时尝试检测和跟踪单个特征。

基于矢量的 SLAM 算法可分为机器人位姿的估计和特征地图的估计，从整体上对二者进行联合估计，因为前者是后者估计的先决条件，后者是前者作用的结果，二者联系密切。PHD-SLAM 的实现过程也是如此，利用标准条件概率，可将式（2-40）和式（2-41）分解

$$p_k(x_{1:k}, M_k \mid Z_{0:k}, u_{0:k}, x_0) = p_k(x_{1:k} \mid Z_{0:k}, u_{0:k}, x_0) p_k(M_k \mid Z_{0:k}, x_{0:k}) \tag{2-42}$$

$$p_{k|k-1}(M_k \mid Z_{0:k}, x_{0:k}) = \int f_M(M_k \mid M_{k-1}, x_k) \times p_{k-1}(M_{k-1} \mid x_{0:k-1})\delta M_{k-1} \tag{2-43}$$

$$p_k(M_k \mid Z_{0:k}, x_{0:k}) = \frac{g_k(Z_k \mid M_k, x_k) p_{k|k-1}(M_k \mid Z_{0:k}, x_{0:k})}{g_k(Z_k \mid Z_{0:k-1}, x_{0:k})} \tag{2-44}$$

$$p_k(x_{1:k} \mid Z_{0:k}, u_{0:k}, x_0) = g_k(Z_k \mid Z_{0:k-1}, x_{0:k}) \times \frac{f_x(x_k \mid x_{k-1}, u_k) p(x_{1:k-1})}{g_k(Z_k \mid Z_{0:k-1})} \tag{2-45}$$

在 FastSLAM 中，式（2-44）的地图递归被进一步分解为地图中的每个特征的 N 个独立密度的乘积，而且 FastSLAM 是以已知特征数量为条件的。相比之下，基于 RFS 的 SLAM 并不以任何数据关联假设为条件来确定要估计的特征数量，并且式（2-44）的递归是 RFS 特征地图的递归。因此，地图扩展涉及随机有限集的概率密度，地图边缘化涉及集合积分。

在基于随机有限集的框架下，用粒子滤波器来实现对机器人位姿的最优估计，用 PHD 滤波器实现对特征地图的最优估计，每一个粒子对应一个特征地图，其中，PHD 滤波器是通过混合高斯（Gaussian Mixture，GM）的方式来实现。强度函数 PHD 的进一步预测可表示为

$$v_{k|k-1}(m \mid x_{0:k}^i) = v_{k-1}(m \mid x_{0:k-1}^i) + b(m \mid x_k^i) \tag{2-46}$$

式中，$v_{k-1}(m \mid x_{0:k-1}^i)$ 表示 $k-1$ 时刻 PHD 估计值；$v_{k|k-1}(m \mid x_{0:k}^i)$ 表示 k 时刻的预测；$b(m \mid x_k^i)$ 是 k 时刻新生 RFS 的 PHD，通常是预测机器人观测到的新特征。这里 $b(m \mid x_k^i)$ 类似于粒子滤波器中使用的建议函数，用于向滤波器提供一些关于特征可能出现在地图中位置的先验信息。

PHD 的更新可表示为

$$v_k(m \mid x_{0:k}^i) = [1 - P_D(m \mid x_k^i)] v_{k|k-1}(m \mid x_{0:k}^i) +$$
$$\sum_{z \in Z_k} \frac{\Lambda(m \mid x_k^i) v_{k|k-1}(m \mid x_{0:k}^i)}{c_k(z \mid x_k^i) + \int \Lambda(\zeta \mid x_{0:k}^i) v_{k|k-1}(\zeta \mid x_{0:k}^i) \mathrm{d}\zeta} \tag{2-47}$$

式中，$\Lambda(m \mid x_k^i) = P_D(m \mid x_k^i) g_k(z \mid m, x_k^i)$，$P_D(m \mid x_k^i)$ 是在机器人位姿 x_k^i 对特征 m 检测到的概率，$g_k(z \mid m, x_k^i)$ 是对特征检测的似然函数；$c_k(z \mid x_k^i)$ 是 PHD 随机有限集的杂波强度。式（2-47）表明，更新后的 PHD 是根据漏检概率加权的预测特征和由所有新测量的空间位置及其检测概率更新的预测特征相加的结果。

PHD 建图是在已知机器人轨迹的条件下进行的，PHD 用于建图，粒子滤波用于机器人定位。该技术需要对机器人的轨迹的后验密度进行计算，尤其是对 $g_k(Z_k \mid Z_{0:k-1}, x_{0:k})$ 进行集合积分

$$g_k(Z_k \mid Z_{0:k-1}, x_{0:k}) = \int p(Z_k, M_k \mid Z_{0:k-1}, x_{0:k}) \delta M_k \tag{2-48}$$

这个集合积分在数值上是难以解决的，一种简单的方法是利用 FastSLAM 算法中的 EKF 近似。然而，定义在有限集空间上的似然函数和定义在欧几里得空间上 FastSLAM 所对应的量是两个不同类型的量，因此不能使用 EKF 近似。由式（2-44）可以看出，$g_k(Z_k \mid Z_{0:k-1}, x_{0:k})$ 是一个归一化常数，且本身并不包含变量 M_k，因此可以选择任意的 M_k 来对 $g_k(Z_k \mid Z_{0:k-1}, x_{0:k})$ 进行计算。这就可以以轨迹作为条件，用封闭的形式计算测量的似然函数。下面考虑两个简单的选择：

1）空地图：设置 $M_k = \varnothing$

$$g_k(Z_k \mid Z_{0:k-1}, x_{0:k}) \approx \mathrm{K}_k^{Z_k} \times \exp(\hat{m}_k - \hat{m}_{k|k-1} - \int c_k(z \mid x_k) \mathrm{d}z) \tag{2-49}$$

式中，$\mathrm{K}_k^{Z_k} = \prod_{z \in Z_k} c_k(z \mid x_k)$；$c_k(z \mid x_k)$ 是测量杂波 $C_k(x_k)$ RFS 的 PHD；$\hat{m}_k = \int v_k(m \mid x_{0:k}) \mathrm{d}m$；

$$\hat{m}_{k|k-1} = \int v_{k|k-1}(m \mid x_{0:k}) \mathrm{d}m。$$

2）单个特征的地图：设置 $M_k = \{\overline{m}\}$

$$g_k(Z_k \mid Z_{0:k-1}, x_{0:k}) \approx \frac{1}{\Gamma}\big[(1 - P_D(\overline{m} \mid x_k))\mathrm{K}_k^{Z_k} +$$

$$P_D(\overline{m} \mid x_k) \sum_{z \in Z_k} \mathrm{K}_k^{Z_k - \{z\}} g_k(z \mid \overline{m}, x_k) v_{k\mid k-1}(\overline{m} \mid x_{0:k}) \big] \tag{2-50}$$

式中，$\Gamma = \exp(\hat{m}_k - \hat{m}_{k|k-1} - \int c_k(z)\mathrm{d}z) v_k(\overline{m} \mid x_{0:k})$；$P_D(\overline{m} \mid x_k)$ 是机器人在 x_k 处时，检测到特征 $\overline{m}$ 的概率；$g_k(z \mid \overline{m}, x_k)$ 是 $\overline{m}$ 处特征生成测量 z 的似然函数。

对于 M_k 的选择，$\overline{m}$ 可以是不确定度最小或是测量似然函数最大的特征，也可以选择具有多个特征的 M_k，但是这会增加计算负担。理论上，无论 M_k 作何选择，都会得到相同的结果。但式（2-49）和式（2-50）的计算会使用不同的 $p_k(M_k \mid Z_{0:k}, x_{0:k})$ 近似值，得到的结果也略有不同。由于测量似然项 $g_k(z \mid \overline{m}, x_k)$ 的存在，单个特征的地图更新会优于空地图更新。

对于 PHD-SLAM 方法，在 $k-1$ 时刻，可用一组粒子集合 $\{\eta_{k-1}^i, x_{0:k-1}^i, v_{k-1}(\cdot \mid x_{0:k-1}^i)\}_{i=1}^M$ 来表示其密度，经机器人位姿、特征 PHD 预测，特征 PHD 更新，机器人位姿更新等环节，实现 PHD-SLAM，其 GM-PHD-SLAM 方法步骤实现如下：

（1）每个粒子的 GM-PHD 特征地图

1）预测。对于新生 PHD，通过 $k-1$ 时刻的观测数据 Z_{k-1}，使用逆空间测量模型 $h^{-1}(\cdot)$ 计算新生高斯均值和方差，并平均分配权重为 α。

$$\mu_{b,k} = h^{-1}(z_{k-1}, x_{k-1}^i) \tag{2-51}$$

$$P_{b,k} = \nabla h(\mu_{b,k}, x_{k-1}^i) \times R \times [\nabla h(\mu_{b,k}, x_{k-1}^i)]^{\mathrm{T}} \tag{2-52}$$

$$\omega_{b,k} = \alpha \tag{2-53}$$

式中，$\omega_{b,k}$、$\mu_{b,k}$、$P_{b,k}$ 分别表示新生高斯的权重、均值和协方差；R 为观测的方差。最后，得到每个粒子的新生 GM-PHD

$$b(m \mid x_k^i) = \{\mu_{b,k}^j, P_{b,k}^j, \omega_{b,k}^j\}_{j=1}^{J_{b,k}} \tag{2-54}$$

式中，$J_{b,k} = |Z_{k-1}|$，$Z_{k-1} = \{z_{k-1}^1, z_{k-1}^2, \cdots, z_{k-1}^{\Im_{k-1}}\}$。

$k-1$ 时刻的地图 PHD 是高斯混合的形式

$$v_{k-1}(m \mid x_{k-1}^i) = \{\mu_{k-1}^j, P_{k-1}^j, \omega_{k-1}^j\}_{j=1}^{J_{k-1}} \tag{2-55}$$

式中，J_{k-1} 表示特征高斯函数数量；ω_{k-1}^j、μ_{k-1}^j、P_{k-1}^j 分别表示在 $k-1$ 时刻特征的权重、均值和协方差。将式（2-54）、式（2-55）代入式（2-46）中，得到的结果同样是高斯混合的形式

$$v_{k|k-1}(m \mid x_k^i) = \{\mu_{k|k-1}^j, P_{k|k-1}^j, \omega_{k|k-1}^j\}_{j=1}^{J_{k|k-1}} \tag{2-56}$$

式中，$J_{k|k-1} = J_{k-1} + J_{b,k}$ 代表上一时刻地图强度 $v_{k-1}(\cdot \mid x_{k-1}^i)$ 和新生特征强度 $b(\cdot \mid x_k^i)$ 的合并。

2）修正。根据预测的 GM-PHD，如果测量的似然函数 $g(z \mid m, x_k^i)$ 是高斯形式，则由式（2-47）可知后验 PHD$v_k(m \mid x_k^i)$ 也是高斯的，首先将机器人先前的位姿估计

转化为新位姿的预测样本

$$x_{k|k-1}^i = f(x_{k-1}^i, u_k, v_{k-1}) \tag{2-57}$$

式（2-47）中的第一项表示，在 GM-PHD 漏检的部分，先将所有预测的高斯分量均值和方差简单复制到后验 GM-PHD 地图中，同时，考虑到在新的观测中，它们可能无法被检测到，所以权重会因漏检率 $(1 - P_D(m | x_{k|k-1}^i))$ 而减少，于是有

$$\mu_k = \mu_{k|k-1} \tag{2-58}$$

$$P_k = P_{k|k-1} \tag{2-59}$$

$$\omega_k = (1 - P_D(m | x_{k|k-1}^i))\omega_{k|k-1} \tag{2-60}$$

式（2-47）的第二项表示，$J_{k|k-1}$ 上预测的高斯均值和协方差都需要通过每个 $\mathfrak{F}_k$ 观测值校正，这可以通过标准的扩展卡尔曼滤波来实现，得到更新后的均值 μ_k 和协方差 P_k。这些 $J_{k|k-1} \times \mathfrak{F}_k$ 新高斯分量每个的权重根据每个预测高斯分量的检测概率、该分量的预测空间测量值与每个实际值之间的马氏距离和虚警变量 $c_k(z)$ 来更新

$$\mu_k = \mu_{k|k-1} + K_k(z_k - z_{k|k-1}) \tag{2-61}$$

在 PHD 校正中引入计算因子 τ

$$\tau = v_{k|k-1}(m | x_{k|k-1}^i) P_D(m | x_{k|k-1}^i) \times g_k(z_k | m, x_{k|k-1}^i) \tag{2-62}$$

对 $J_{k|k-1}$ 每个预测的 GM 地图，更新 GM-PHD 被检测部分的权重

$$\omega_k = \tau / \left(c_k(z) + \sum_{l=1}^{J_{k|k-1}} \tau^l \right) \tag{2-63}$$

然后将漏检和加权预测的高斯分量合并成 $J_{k|k-1} + (J_{k|k-1} \times \mathfrak{F}_k)$ 高斯量，得到更新后的高斯 PHD

$$v_k(m | x_k^i) = \{\mu_k^j, P_k^j, \omega_k^j\}_{j=1}^{\xi} \tag{2-64}$$

式中，$\xi = J_{k|k-1} + (J_{k|k-1} \times \mathfrak{F}_k)$。

为了抑制 PHD-SLAM 滤波器的预测和更新阶段之间形成高斯分量的爆炸性增长，可以采用高斯合并和剪枝。在预定的马氏距离内高斯聚类，组合分量权重和协方差，选择 J_k 高斯权重较高的分量，删除剩余的高斯分量。最后，可以得到基于 J_k 高斯加权的 GM-PHD 地图

$$v_k(m | x_k^i) = \{\mu_k^j, P_k^j, \omega_k^j\}_{j=1}^{J_k} \tag{2-65}$$

（2）机器人轨迹更新

根据机器人的控制输入，预测 k 时刻机器人的位姿

$$x_{k|k-1}^i = f(x_{k-1}^i, u_k, v_{k-1}) \tag{2-66}$$

根据观测信息计算新的权重，并归一化

$$\tilde{\eta}_k^i = g(Z_k | Z_{k-1}, x_k) \times \eta_{k-1}^i \tag{2-67}$$

$$\sum_{j=1}^{M} \tilde{\eta}_k^i = 1 \tag{2-68}$$

根据规划权重对所有 M 个粒子重采样

$$\{\tilde{\eta}_k^i, x_{k|k-1}^i\} \rightarrow \{\eta_k^i, x_k^i\} \tag{2-69}$$

最后得出粒子的后验集和对应的地图 PHD

$$\{\eta_k^i, x_{0:k}^i, v_k^i(\cdot | x_{0:k}^i)\}_{i=1}^{M} \tag{2-70}$$

在 FastSLAM 中，选取最大权重的粒子作为当前机器人位姿的估计，其对应的特

征地图就是对整体特征的估计，即最大后验概率估计。这种策略也适用于 PHD-SLAM 中，但与基于矢量的 SLAM 相比，PHD 可以平均特征地图，给出一个预期的后验地图。M 个更新后的轨迹粒子输出的地图估计值可以平均为一个预期地图，即使地图估计值不同，也不用解决特征关联的问题。后验地图 PHD 的特征数只是 $v_k(m \mid x_k)$ 输出高斯权重的总和，然后通过选择 $\hat{m}_k$ 最高的局部极大值来提取特征地图的估计。PHD-SLAM 算法的总流程图，如图 2-10 所示。

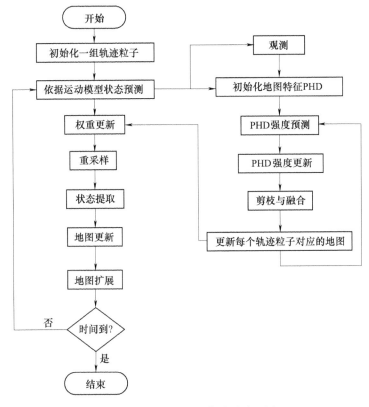

图 2-10　PHD-SLAM 算法总流程图

2.3.4　PHD-SLAM 算法的 MATLAB 仿真验证

PHD-SLAM 机器人的运动模型与 EKF-SLAM 相同，仿真机器人配备有测距和测角传感器，仿真试验中使用的机器人的前向速度为 3m/s，控制的线速度误差为 0.3m，角速度误差为 3°。传感器的最大观测距离为 30m，观测的测距误差为 0.1m，测角误差为 1°。采样的粒子数为 100。

PHD-Slam
仿真

图 2-11 为 PHD-SLAM 仿真图，加载的地图长度为 250m，宽度为 200m，x、y 轴的单位为米。地图中共有 17 个导航点和 35 个特征。图 2-11a~d 是机器人从开始到结束的特征估计和机器人状态估计的过程图，图 2-11e 是机器人到达终点时图 2-11d 方框区域的局部放大图。

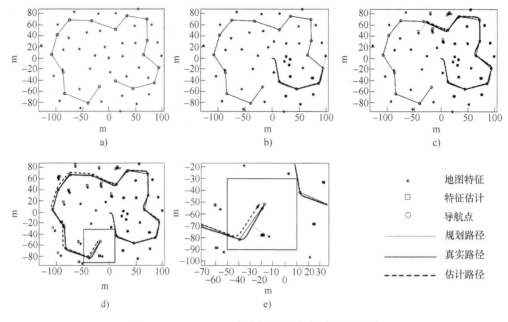

图 2-11　PHD-SLAM 特征估计与机器人状态估计

a）开始　b）2000 步　c）5000 步　d）结束　e）局部放大图

2.4　本章小结

本章介绍了 SLAM 算法的原理及其发展历程。重点讲述了基于矢量的 EKF-SLAM、FastSLAM 算法和基于随机有限集的 PHD-SLAM 算法的原理。EKF-SALM 算法将机器人的位姿信息和地图特征表示成联合状态矢量的形式，计算较为简单，鲁棒性好。但是随着地图中特征数目的增加，计算量大幅增加，不适于大规模地图的创建。FastSLAM 算法将地图、轨迹联合后验概率密度估计分解为机器人位姿估计和已知机器人位姿条件下的地图特征估计两个过程，采用粒子滤波器估计机器人的位姿，使用多个独立的 EKF 滤波器进行地图特征的估计，可应用于大规模地图的创建，并能够改善地图精度。然而基于矢量的 SLAM 算法通常假定观测值和地图特征之间的数据关联已知。PHD-SLAM 算法将地图特征和传感器观测信息都表示成随机有限集合的形式，避免了数据关联的问题，但其计算复杂度较高。

参 考 文 献

［1］MONTEMERLO M, THRUN S, KOLLER D, et al. FastSLAM：A factored solution to the simultaneous localization and mapping problem［J］. Aaai/iaai, 2002：593-598.

［2］ADAMS M, VO B N, MAHLER R, et al. SLAM gets a PHD：New concepts in map estimation［J］. IEEE Robotics & Automation Magazine, 2014, 21（2）：26-37.

［3］KIM C, SAKTHIVEL R, CHUNG W K. Unscented FastSLAM：a robust and efficient solution to the SLAM problem［J］. IEEE Transactions on Robotics, 2008, 24（4）：808-820.

［4］黄小平，王岩. 卡尔曼滤波原理及应用：MATLAB 仿真［M］. 北京：电子工业出版社，2015.

［5］MULLANE J, VO B N, ADAMS M D, et al. A random set formulation for Bayesian SLAM ［C］. International Conference on Intelligent Robots and Systems, 2008: 1043-1049.

［6］MULLANE J, VO B N, ADAMS M D. Rao-blackwellised phd slam ［C］. International Conference on Robotics and Automation, 2010: 5410-5416.

［7］SEBASTIAN T, WOLFRAM B, DIETER F. 概率机器人 ［M］. 曹红玉, 谭志, 史晓霞, 等译. 北京: 机械工业出版社, 2017.

［8］DOUCET A, DE FREITAS N, MURPHY K, et al. Rao-blackwellised particle filtering for dynamic Bayesian networks ［C］. Proceedings of the Sixteenth Conference on Uncertainty in Artificial Intelligence, 2000: 176-183.

［9］MAHLER, R. PHD filters of higher order in target number ［J］. IEEE Transactions on Aerospace and Electronic Systems, 2007, 43 (4): 1523-1543.

［10］DEUSCH H , REUTER S , DIETMAYER K . The Labeled Multi-Bernoulli SLAM Filter ［J］. IEEE Signal Processing Letters, 2015, 22 (10): 1561-1565.

第 3 章

基于 ROS 系统的 SLAM 技术

本章的知识：

ROS 系统的安装及基本操作；Turtlebot 机器人平台；基于 ROS 系统的 SLAM 开源算法。

本章的典型案例特点：

1. ROS 系统的一些基本操作和命令。
2. 基于 ROS 系统的 Turtlebot 机器人的实践。
3. 基于激光雷达的 SLAM 算法和基于视觉的 SLAM 算法。

3.1 ROS 系统

ROS（Robot Operating System）机器人操作系统诞生于斯坦福大学人工智能实验室与机器人技术公司 Willow Garage 合作的个人机器人项目（Personal Robots Program），在 2008 年后全权由 Willow Garage 维护，2013 年后移交给开源机器人基金会（Open Source Robotics Foundation，OSRF）管理维护。在 2010 年，Willow Garage 正式以开放源码的形式发布了 ROS 框架，并很快在机器人研究领域掀起了 ROS 开发与应用的热潮。在短短几年的时间里，ROS 得到了广泛的应用，各大机器人平台几乎都支持 ROS 框架。图 3-1 为 Willow Garage 公司制造的 PR2 机器人，可从事多种家务工作，还可以进行桌球活动。

根据维基百科的定义，操作系统（Operating System，OS）是用来管理计算机硬件和软件资源，并提供一些公共服务的系统软件。而 ROS 从某种意义上说也是一个 OS，它能够提供类似操作系统所能提供的功能，包括硬件抽象描述、底层启动管理、公共功能的执行、程序间消息的传递以及程序发行包管理，它也能提供工具程序和库，用于获取、建立、编写和运行多机整合的程序。

ROS 的首要设计目标是在机器人研发领域提高代码的复用率。ROS 是一种分布式处理框架，这就使得可执行文件可以被单独设计，并且在运行时松散耦合。基于 ROS 的这些特点，可以在不同的机器人上面复用已经实现的功能，这样避免了大量的重复劳动，提高了机器人程序开发的效率。

ROS 的运行架构是一种使用 ROS 通信模块实现模块间 P2P（Peer-to-Peer，点对点）的松耦合网络连接的处理架构，它执行若干种类型的通信，包括基于服务的同步

图 3-1　ROS 机器人的应用

RPC（Remote Procedure Call，远程过程调用）通信、基于 Topic（话题）的异步数据流通信，还有参数服务器上的数据存储。

ROS 的主要特点有：

（1）点对点设计

一个使用 ROS 的系统包括一系列进程，这些进程存在于多个不同的主机并且在运行过程中通过端对端的拓扑结构进行联系。虽然基于中心服务器的那些软件框架也可以实现多进程和多主机的优势，但是在这些框架中，当各电脑通过不同的网络进行连接时，中心数据服务器就会发生问题。ROS 的点对点设计以及服务和节点管理器机制可以分散由计算机视觉和语音识别等功能带来的实时计算压力，能够适应多机器人遇到的挑战。

（2）多语言支持

在写代码的时候，许多编程者会比较偏向某一些编程语言。这些偏好是个人在每种语言的编程时间、调试效果、语法、执行效率以及各种技术和文化的原因导致的结果。为了解决这些问题，ROS 被设计成了语言中立性的框架结构。ROS 现在支持许多种不同的语言，如 C++、Python、Octave 和 LISP，也包含其他语言的多种接口实现。

（3）精简与集成

大多数已经存在的机器人软件工程都包含了可以在工程外重复使用的驱动和算法，不幸的是，由于多方面的原因，大部分代码的中间层都过于混乱，以至于难以提取出它的功能，也很难把它们从原型中提取出来应用到其他方面。为了应对这一问题，鼓励将所有的驱动和算法逐渐发展成为和 ROS 没有依赖性的单独的库。ROS 建立的系统具有模块化的特点，各模块中的代码可以单独编译，而且编译使用的 CMake 工具使它很容易实现精简的理念。ROS 将复杂的代码封装在库里，创建了一些小的应用程序为 ROS 显示库的功能，就允许了对简单的代码超越原型进行移植和重新使用。

（4）工具包丰富

为了管理复杂的 ROS 软件框架，采用大量的小工具去编译和运行多种多样的 ROS 组件。这些工具担任了各种各样的任务，例如，组织源代码的结构，获取和设置配置参数，形象化端对端的拓扑连接，测量频带使用宽度，生动的描绘信息数据，自动生成文档等。尽管已经测试通过像全局时钟和控制器模块的记录器的核心服务，但是还是希望能把所有的代码模块化。因为在效率上的损失是稳定性和管理的复杂性所无法弥补的。

（5）免费且开源

ROS 所有的源代码都是公开发布的，这促进 ROS 软件各层次的调试，不断的改正错误。虽然像 Microsoft Robotics Studio 和 Webots 这样的非开源软件也有很多值得赞美的属性，但是一个开源的平台也是无可替代的。当硬件和各层次的软件同时设计和调试的时候这一点尤其重要。从系统实现的角度来看，如图 3-2 所示，ROS 可以分为三个层次：开源社区级、文件系统级和计算图级。

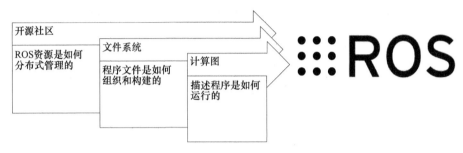

图 3-2　ROS 层次示意图

3.1.1　ROS 的版本介绍和安装

ROS 可以在不同版本的 Linux、Mac OS X 上运行，也可以部分地运行在微软 Windows 系统上。但是最方便的还是在 Ubuntu Linux 上使用，因为 Ubuntu Linux 为 OSRF 官方支持的操作系统。除此之外，Ubuntu 是完全免费的，而且可以与其他系统共存。如果没有 Ubuntu 相关使用经验，本书将会在下一部分给出具体的安装步骤。

ROS 从 2010 年发行第一个版本以来，截止到 2021 年已经有 13 个发行版本，每个 ROS 与 Ubuntu 版本对应关系见表 3-1。本书的所有示例都是在 ROS Indigo 和 Ubuntu 14.04 上测试的。

下面会介绍如何安装 Indigo 版本的 ROS，本书所使用的操作系统是 Ubuntu，全书所有的操作都是以该系统为基础。如果想在其他系统中安装 ROS，可以根据链接 http：//wiki. ros. org/indigo/Installation 中的指导来完成。

表 3-1　ROS 版本和对应的 Ubuntu 版本

ROS 版本	对应 Ubuntu 版本
ROS Noetic Ninjemys	Ubuntu 2004（Focal）
ROS Melodic Morenia	Ubuntu 18. 04（Bionic）/ Ubuntu 17. 04（Zesty）
ROS Lunar Loggerhead	Ubuntu 17. 04（Zesty）/ Ubuntu 16. 04（Xenial）
ROS Kinetic Kame	Ubuntu 16. 04（Xenial）/ Ubuntu 15. 04（Wily）
ROS Jade Turtle	Ubuntu 15. 04（Wily）/ Ubuntu 14. 04 LTS（Trusty）

（续）

ROS 版本	对应 Ubuntu 版本
ROS Indigo lgloo	Ubuntu 14. 04 （Trusty）
ROS Hydro Medusa	Ubuntu 12. 04 LTS （Precise）
ROS Groovy Galapagos	Ubuntu 12. 04 （Precise）
ROS Fuerte Turtle	Ubuntu Lucid/Ubuntu 12. 04 （Precise）
ROS Electric Emys	Ubuntu Lucid
ROS Diamondback	Ubuntu Lucid
ROS C Turtle	Ubuntu Hardy
ROS Box Turtle	Ubuntu Hardy

1. Ubuntu14. 04 安装

以安装了 Windows 7 操作系统的计算机为例，需要在该计算机实现 Ubuntu 和 Windows 共存的双系统。首先下载 Ubuntu14. 04 的 ISO 镜像文件，下载完成后，用 UltraISO 软件将 U 盘制作为启动盘。

打开 UltraISO 软件，单击文件按钮，选择下载的镜像文件以及制作启动盘的 U 盘。选择完毕后，如图 3-3 所示，在 Ultra ISO 软件界面中单击"启动"→"写入硬盘镜像"，注意在制作启动盘之前需要将 U 盘内容先备份再格式化，图 3-4 为制作 U 盘镜像示意图，到此 U 盘启动盘制作成功。

图 3-3　UltraISO 软件界面图

由于 Ubuntu 是直接安装在计算机的硬盘上，所以需要分一个空的磁盘给 Ubuntu 系统。如图 3-5 所示，在 Windows 桌面上，右击"计算机"，选择"管理"→"磁盘管理"，从一个剩余使用空间大的磁盘上分出一个空磁盘用于安装 Ubuntu，右键选择磁盘，选择压缩卷，选择压缩大小，取出的磁盘空间也就变成可用空间了，具体的数值可根据实际情况设定，建议大于 50G。

完成磁盘空间的划分和启动盘制作后，重启计算机，按<F12>键（不同计算机可能不太一样，可根据自己电脑型号自行查阅）选择 U 盘作为启动项，进入 Ubuntu 安装界面。

图 3-4　制作 U 盘镜像示意图

图 3-5　分配磁盘空间

步骤一，如图 3-6 所示，语言选择简体中文，继续单击"安装 Ubuntu"。

Ubuntu 安装

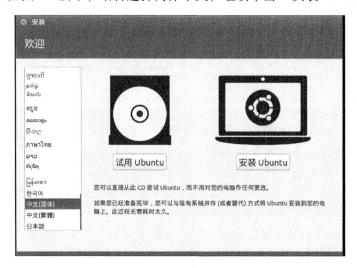

图 3-6　Ubuntu 系统安装步骤一

步骤二，如图 3-7 所示，取消"安装中下载更新"以及"安装这个第三方软件"，单击"继续"。

图 3-7　Ubuntu 系统安装步骤二

步骤三，由于需要自己分区，选择"其他选项"来调整分区，然后进入图 3-8 所示界面。

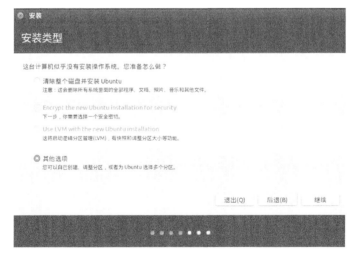

图 3-8　Ubuntu 系统安装步骤三

步骤四，图 3-9 中空闲的磁盘就是通过压缩卷分出来安装 Ubuntu 用的，单击"+ – Change"中的"+"。

步骤五，从划分的磁盘选择启动项安装的位置，大小 200MB 左右就可以，挂载点为/boot，确定后再选择剩余空间，点"+"号，如图 3-10 所示。

步骤六，选择"交换空间"，大小设置为系统内存大小，这里设置为 3GB，单击"确定"，对剩余空闲磁盘空间，点"+"号，如图 3-11 所示。

图 3-9　Ubuntu 系统安装步骤四

图 3-10　Ubuntu 系统安装步骤五

图 3-11　Ubuntu 系统安装步骤六

步骤七，将剩余内存全部分配，选择 Ubuntu 的挂载点为/，单击"确定"，如图 3-12 所示。

步骤八，选择系统安装引导项的设备，一定要选择刚刚建立挂载点为/boot 的磁盘（这里为/dev/sda1），如图 3-13 所示。

到现在为止，Ubuntu 系统的安装已经完成 90% 了，单击"现在安装"选项，后面按照指示进行，大概 40 分钟，安装完成。

2. ROS Indigo 的安装

按照上面的教程安装了 Ubuntu14.04，本书就使用这个版本的 Ubuntu，因为这是一个长期支持

图 3-12　Ubuntu 系统安装步骤七

的版本，配备了 Long-Term Support（LTS），这就意味着社区在未来的几年内对这个版本提供维护。此外，在安装 ROS 之前，还需要具备一定的 Linux 命令工具的基本知

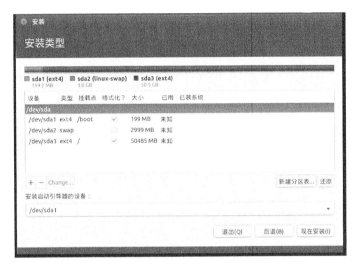

图 3-13 Ubuntu 系统安装步骤八

识，如终端、创建文件夹等，本书也会在后续提供相关的基本教程。

在 ROS 的安装过程中，建议使用软件库而不是源代码安装，鉴于本书的读者大部分应该是才开始接触 ROS，本书就着重讲解使用软件库安装 ROS。在本节中将对 ROS Indigo 的安装进行详细的讲解，这个过程主要基于官方安装教程，具体参考链接地址为 http：//wiki. ros. org/indigo/Installation。

ROS 安装 1

图 3-14 ROS Indigo 安装过程图

1) 在开始安装 ROS 之前，第一步需要配置 Ubuntu 软件库，为此需要将软件库的属性设置为 restricted、universe 和 multiverse。打开 Ubuntu 桌面的"软件和更新"将会看到如图 3-14 所示界面，保证各个选项与图中一致，通常情况下这些配置都是默认的，软件源一般选择中国的阿里云 http：//mirrors. aliyun. com/ubuntu。

2) 添加软件源到 sources. list，一旦添加了正确的软件源，操作系统就知道去哪里下载程序，并根据命令自动安装软件，设置软件源的命令如下（按<Ctrl+Alt+T>快捷键打开终端）：

$ sudo sh -c'echo "deb http：//packages. ros. org/ros/ubuntu trusty main" > /etc/apt/sources. list. d/ ros-latest. list'

3) 设置密钥，这一步是为了确认原始代码是正确的，并且没有人在未经所有者授权的情况下修改任何程序代码，通常情况下，当添加完软件库时，就已经添加了软件库的密钥。具体执行命令如下：

$ sudo apt-key adv--keyserver'hkp://keyserver. ubuntu. com：80' --recv-key C1CF6E31E6BADE8868B-

4）安装 ROS，在安装 ROS 之前最好先升级一下软件，避免错误的库版本或软件版本产生各种问题，运行命令：

ROS 安装 2

```
$ sudo apt-get update
```

ROS 系统非常大，有时候可能会安装一个永远也用不到的程序，通常情况下，根据自己的需求可以有四种不同的安装方式，在本书中，推荐完全安装，因为这样可以保证包含本书所有示例和教程所需要的内容。在完全安装时，具体会安装 ROS、rqt 工具箱、rviz 可视化环境、通用机器人库、2D（Stage）和 3D（Gazebo）仿真环境、导航功能包集（移动、定位、地图绘制等）以及其他感知库（如视觉、激光雷达和深度摄像头等）。具体安装命令为：

```
$ sudo apt-get install ros-indigo-desktop-full
```

ROS 安装 3

5）初始化 rosdep，使用 ROS 之前必须先安装和初始化 rosdep 命令行工具，这可以更加方便地安装一些系统依赖程序包，而且 ROS 的一些主要部件的运行也需要 rosdep。在 ROS Fuerte 版本之前，需要在 ROS 安装之后安装 rosdep，现在 rosdep 是默认安装在 ROS 中。初始化 rosdep 命令为：

```
$ sudo rosdep init
$ rosdep update
```

6）配置环境，ROS 的安装进行到这一步，说明已经成功安装了 ROS Indigo，为了能够运行它，系统需要知道可执行文件以及其他命令的位置。为了实现以上目的，需要添加 ROS 环境变量，这样每打开一个终端时，会自动添加环境变量，具体命令为：

```
$ echo "source /opt/ros/indigo/setup. bash" >> ~/. bashrc
```

为了使环境变量设置立即生效,运行以下命令：

```
$ source ~/. bashrc
```

7）安装 rosinstall，rosinstall 命令在以后 ROS 的学习中是一个使用非常频繁的命令，用这个命令可以轻松下载许多 ROS 软件包，这个工具是基于 Python 的，不过使用它不需要掌握 Python 语言，在 Ubuntu 下运行以下命令安装这个工具：

```
$ sudo apt-get install python-rosinstall
```

8）ROS 系统测试，这一步的前提是已经在 Ubuntu 下安装了完整的 ROS 系统。当完成 ROS 的安装后，可以通过测试 roscore 和 turtlesim 来测试安装是否成功。具体做法是打开两个终端，快捷键为<Ctrl+Alt+T>，在两个终端中分别输入以下命令：

```
$ roscore
$ rosrun turtlesim turtlesim_node
```

如果一切正常就会看到图 3-15 所示界面。

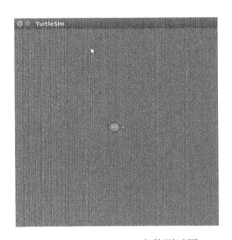

图 3-15 ROS Indigo 安装测试图

3.1.2 ROS 文件系统级

文件系统级是用于描述可以在硬盘上查找到的代码及可执行文件程序，在这一级中将使用一组概念来解释 ROS 的内部组成、文件架构以及工作所需的核心文件，文件系统级的结构示意图如图 3-16 所示。

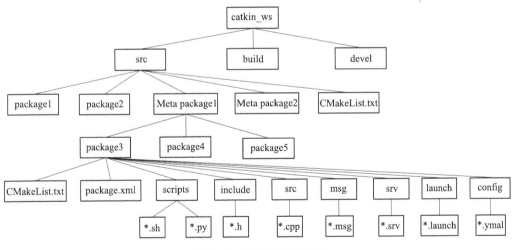

图 3-16 ROS 文件系统级

文件系统级主要包含以下几个概念：

（1）功能包（package）

功能包是 ROS 软件组织的基本形式，是构成 ROS 的基本单元，也是 catkin 编译的基本单元。一个功能包可以包含多个可执行文件（节点）。ROS 应用程序是以功能包为单位开发的，功能包里至少包含一个以上的节点或拥有用于运行其他功能包的节点配置文件，还包含功能包所需的所有文件，如依赖库、数据集和配置文件等。如何判断一个文件夹是否为功能包，就是在该文件夹下一定有 CMakeList. txt 和 package. xml 这两个文件。以图 3-16 的 package3 为例，对其中的各个文件夹进行详细的讨论。

- scripts：放置可执行脚本文件，如 Python 等。
- include/package_ name：包含了所需要在功能包内使用的头文件和库。
- src：存储 c++源代码。
- msg：放置自定义消息类型格式。
- srv：放置自定义服务类型格式。
- launch：放置 launch 文件，launch 可帮助一次运行多个可执行文件（节点）。
- config：放置 ROS 功能包中保存的所有需要使用的配置文件。

另外，功能包中的 CMakeList.txt 规定了 catkin 编译规则，即告诉编译系统如何编译在这个功能包下的代码，包含需要编译哪些文件、需要哪些依赖以及生成哪些文件等信息。具体写法见表3-2，系统会生成这个模板，在编写时只需要更改就可以。

表 3-2　编译代码表

Cmake_minimum_required( )	##指定 catkin 最低版本
Project( )	##指定软件包的名称
Find_package( )	##指定编译时需要的依赖项
Add_message_files( )	##添加消息文件（ * . msg）
Add_service_files( )	##添加服务文件（ * . srv）
Add_action_files( )	##添加动作文件
Generate_messages( )	##生成消息、服务和动作
Catkin_package( )	##指定 catkin 信息给编译系统生成 CMake 文件
Add_dependencies( )	##确保自定义消息的头文件在使用之前已经被生成
Add_library( )	##指定生成库文件
Add_executable( )	##指定生成可执行文件
Target_link_libraries( )	##指定可执行文件去链接哪些库
Catkin_add_gtest( )	##添加测试单元
Install( )	##生成可安装目标

package.xml 文件定义了包的属性，如包名、版本号、作者、依赖等信息。创建包的时候会提供一个写好的模板，如图 3-17 所示，通常需要修改的是 build_ depend（主要用来显示当前功能包安装之前必须先安装哪些功能包）以及 run_ depend（显示运行功能包所需的包）两个标记。

为了创建、修改或使用功能包，ROS 提供了一些工具，在后面的学习中，将会对这些命令的使用进行介绍，具体包括：

```
<version>          <!--版本号-->
<description>      <!--包描述-->
<maintainer>       <!--维护者-->
<license>          <!--软件许可-->
<buildtool_depend> <!--编译工具-->
<build_depend>     <!--编译时的依赖-->
<run_depend>       <!--运行时的依赖-->
</package>         <!--根标签-->
```

图 3-17　功能包命令

- catkin _ create _ pkg：创建一个新的功能包。
- catkin _ make：编译工作空间。

- rosdep：安装功能包的系统依赖项。
- rqt_dep：查看包的依赖关系图。
- roscd：更改目录，类似于 Linux 中的 cd 命令。
- rosed：编辑文件。
- roscp：从一些功能包复制文件。
- rosd：列出功能包目录。
- rosls：列出功能包下的文件，类似于 Linux 中的 ls 命令。

（2）功能包清单（package manifest）

记录功能包的基本信息，包含作者信息、许可信息、依赖选项以及编译标志等信息。包的清单由一个名为 package.xml 的文件管理。

（3）综合功能包（Meta package）

如果将几个具有某些功能的功能包组织在一起，那么将会得到一个综合功能包。如导航功能包里包含 AMCL、EKF 和 map_server 等十多个功能包。该功能包是一个依赖若干个功能包的"虚包"，其 txt 文件只是为了声明其为综合功能包，编译过程不生成任何东西，只是一个功能包的集合。

（4）综合功能包清单（Meta package manifest）

它类似于功能包清单，不同之处在于综合功能包清单中可能会包含运行时所需要依赖的功能包或者声明一些引用的标签。

（5）消息类型（.msg）

消息是 ROS 节点之间发布和订阅的通信消息，可以直接使用 ROS 系统提供的消息类型，也可以使用在 msg 文件夹下根据需求自定义的消息类型。

（6）服务类型（.srv）

服务类型定义了 ROS 服务器和客户端通信模型下的请求与应答数据类型，可以使用 ROS 系统提供的服务类型，也可以使用功能包下的 srv 文件夹下根据需求自定义的服务类型。

3.1.3　ROS 计算图级

计算图级体现的是进程与系统之间的通信，描述程序是如何运行的。ROS 会创建一个连接所有进程的网络，子系统中的任何节点都可以访问此网络，并通过该网络与其他节点交互，获取其他节点发布的消息，并将自身的数据发布到网络上。如图 3-18 所示，计算图级中的最基本概念包含节点、节点管理器、参数服务器、消息、服务、主题和消息记录包，这些概念都在以不同的方式向计算图级提供数据。

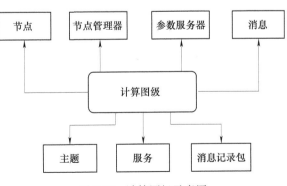

图 3-18　计算图级示意图

1. 节点（Node）

执行运算任务的进程。在 ROS 系统中，节点是最小的进程单元。一个软件包里面可以有多个可执行文件，可执行文件在运行之后就成了一个进程（这个进程便是一个节点）。因此，从程序的角度来讲，节点是一个可执行文件（使用 roscpp、rospy 等 ROS 客户端库编写，能通过主题、服务或参数服务器与其他节点进行通信）；从功能的角度来讲，通常一个节点负责某一个单独的功能。整个 ROS 系统就是由很多个节点组成的，也可称节点为"软件模块"。

节点概念的引入使得基于 ROS 的系统在运行时更加形象：当许多个节点同时运行时，可以很方便地将端对端的通信绘制成节点关系图，在这个图中，进程就是图中的节点，而端对端的连接关系就是节点之间的连线。

ROS 同时也为用户提供了处理节点的工具，如 rosnode。rosnode 是一个用于显示节点信息的命令行工具，如列出当前正在运行的节点。支持的命令如下：

- rosnode info NODE：输出当前节点信息。
- rosnode kill NODE：结束当前运行节点进程或发送给定信号。
- rosnode list：流出当前活动节点。
- rosnode machine hostname：列出某一特定计算机上运行的节点或列出主机名称。
- rosnode ping NODE：测试节点之间的连通性。
- rosnode cleanup：将无法访问的节点注册信息清除。

在后面的章节中，本书将会通过一些示例来学习如何使用这些命令。

2. 节点管理器（Node Master）

节点管理器用于节点的名称注册和查找等，是节点的控制中心。节点管理器通过远程过程调用（Remote Procedure Call，RPC）能提供登记列表和对其他计算图表查找的功能，帮助 ROS 节点之间相互查找、建立连接，同时还为系统提供参数服务器，管理全局参数。如果在整个 ROS 系统中没有节点管理器，就不会有节点之间的通信。ROS 本身就是一个分布式网络系统，可以在某一台计算机上运行节点管理器，在该管理器或其他计算机上运行节点。

3. 消息（Message）

节点之间最重要的通信机制就是基于发布和订阅模型的消息通信。每一个消息都是严格的数据结构，支持标准数据类型（整型、浮点型、布尔型等），也支持嵌套结构和数组（类似 C 语言中的结构体），还可以根据需求由开发者自主定义。消息包含一个节点发送到其他节点的数据信息，节点通过消息实现彼此的逻辑联系与数据交换。

ROS 为用户提供了查看消息的工具 rosmsg，可以用该工具来获取有关消息的信息。常用的参数如下所示：

- rosmsg show：显示一条消息的字段。
- rosmsg list：列出所有消息。
- rosmsg package：列出功能包的所有消息。
- rosmsg packages：列出所有具有该消息的功能包。
- rosmsg users：搜索使用该消息类型的代码文件。

4. 主题（Topic）

单向异步通信机制，传输消息（Message）。在这种机制中，Message 以一种发布和订阅的方式进行传递（Publish-Subscriber），主题模型如图 3-19 所示。因为每个 Topic 的消息类型都是强类型，发布到其上的 Message 都必须与 Topic 的 ROS 消息类型匹配，而且节点只能接收类型匹配的消息。"单向"：数据只能从发布者传输到订阅者，如果订阅者需要传输数据则需要另外开辟一个 Topic 进行数据传输。"异步"：对接收者来讲，其订阅 Topic，只要 Message 从 Topic 过来就接收并进行处理，不管是谁发布的。对于发布者而言，只管发布 Message 到 Topic，不管有没有接收者接收 Message，也不需要等待接收者的处理反馈。

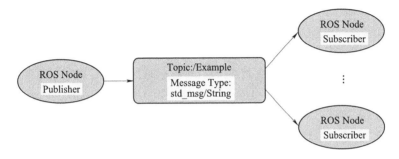

图 3-19　单向异步通信机制

ROS 中的每条消息都使用名为主题的命名总线进行传输。当节点通过主题发布消息时，可以说节点正在发布一个主题。当节点通过主题接收消息时，可以说节点订阅一个主题。发布节点和订阅节点不知道彼此的存在，甚至还可以订阅一个没有任何发布者的主题。简而言之，信息的生产和消费是分离的。每个主题都有一个唯一的名称，任何节点都可以访问这个主题并通过它发送数据，只要它们有正确的消息类型。系统中可能同时有多个节点发布或者订阅同一个主题的消息。

ROS 为用户提供了一个 rostopic 工具用于主题的操作。它是一个命令行工具，允许获取主题的相关信息或直接在网络上发布数据。此工具的具体参数如下：

- rostopic bw /topic：显示主题所使用的带宽。
- rostopic echo /topic：将消息输出到屏幕。
- rostopic find message _ type：按类型查找主题。
- rostopic hz /topic：显示主题的发布频率。
- rostopic info /topic：输出活动主题、发布的主题、主题订阅者和服务的信息。
- rostopic list：输出活动主题的列表。
- rostopic pub /topic type args：将数据发布到主题，允许直接从命令行中对任意主题创建和发布数据。
- rostopic type /topic：输出主题的类型，或者说是主题中发布的消息类型。

5. 服务（Service）

双向同步通信机制，ROS 中称其为"服务"，传输请求和应答数据，是一个 request-reply 模型，如图 3-20 所示。"双向"：这种机制不仅可以发送消息，还存在反馈。"同步"：在 Client（客户端）发送请求后，它会在原地等待反馈，只有当 Server 接收处理完请求并完成 response 反馈，Client 才会继续执行。Client 等待过程是处于阻塞状态的通信。与主题不同的是，ROS 中只允许有一个节点提供指定命名的服务。

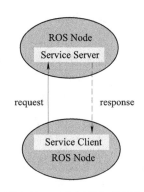

图 3-20　双向同步通信机制

在一些应用中，如果需要一个请求和响应交互，仅有发布和订阅模型是无法实现的。发布和订阅模型是一种单向传输系统，当使用分布式系统时，可能需要一个请求和响应类型的交互，这种情况下可以使用 ROS 服务（双向传输系统）。可以定义包含两个部分的服务定义：一个是请求，另一个是响应。使用 ROS 服务，可以编写服务器节点和客户端节点。服务器节点以名称提供服务，当客户端节点向该服务器发送请求消息时，它将响应请求并将结果发送给客户端，客户端在此过程需要等待服务器响应。

ROS 关于服务的命令行工具有两个：rossrv 和 rosservice。用户可以通过 rossrv 看到相关服务数据结构信息，且与 rosmsg 具有完全一致的用法。通过 rosservice 可以列出服务列表和查询某个服务，支持的命令如下：

- rosservice call/service args：根据命令行参数调用服务。
- rosservice find mag-type：根据服务类型查询服务。
- rosservice info/service：输出服务消息。
- rosservice list：输出活动服务清单。
- rosservice type/service：输出服务类型。

6. 参数服务器（Parameter Server）

参数服务器能够使数据通过关键词存储在一个系统的核心位置（节点管理器），通过使用参数就能够在运行时配置节点或改变节点的工作任务。

ROS 关于参数服务器的工具是 rosparam，其支持的参数如下：

- rosparam list：列出服务器中的所有参数。
- rosparam get parameter：获取参数值。
- rosparam set parameter value：设置参数值。
- rosparam delete parameter：删除参数。
- rosparam dump file：将参数服务器保存到一个文件。
- rosparam load file：加载参数文件到参数服务器。

7. 消息记录包（Bag）

用于记录和回放 ROS 消息数据的文件格式，保存在 .bag 文件中。Bag 是一种用于存储数据的重要机制，它可以获取并且记录各种难以收集的传感器数据，程序可以通过 Bag 反复获取实验数据，常用于调试算法。

3.1.4　ROS 开源社区级

ROS 开源社区级的概念主要是 ROS 资源，ROS 社区资源的主要组织形式如图 3-21 所示。ROS 开源社区能够通过独立的网络社区分享软件和知识，这些资源包括：

1）发行版（Distribution）：ROS 发行版包括一系列带有版本号、可以直接安装的功能包。

2）软件源（Repository）：ROS 依赖于共享网络上的开源代码，不同的组织机构可以开发或者共享自己的机器人软件。

3）ROS 维基（ROS wiki）：记录 ROS 信息文档的主要论坛。

4）邮件列表（Mailing list）：交流 ROS 更新的主要渠道，同时也可以交流 ROS 开发的各种疑问。

5）ROS 问答（ROS Answer）：咨询 ROS 相关问题的网站。

6）博客（Blog）：发布 ROS 社区中的新闻、图片、视频等。

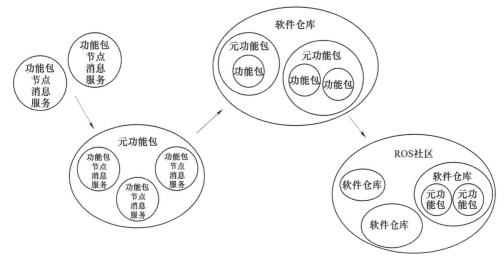

图 3-21　ROS 开源社区

3.2　ROS 系统基本操作

3.2.1　创建工作空间

在开始具体实践之前，首先需要创建工作空间，在这个工作空间中，本书中所有的实例代码将会全部包含在其中。

对于 ROS Groovy 以后的版本可以参考以下方式建立 catkin 工作环境，打开一个终端，运行以下命令：

```
$ mkdir -p ~/catkin_ws/src
$ cd ~/ catkin_ws/src
$ catkin_init_workspace
```

工作空间初始化完成后，可以在 src 文件夹下看到一个 CMakeLists.txt 的链接文件，即使这个工作空间是空的，依然可以直接编译。打开一个新的终端，运行以下命令：

创建工作
空间

```
$ cd ~/catkin _ ws/
$ catkin _ make
```

编译完成后，在该工作空间下可以看到有 build 和 devel 两个文件夹，devel 文件夹中有许多个 setup. * sh 文件，启动这些文件会覆盖现在的环境变量。在终端中执行以下命令设置环境变量：

```
$ source devel/setup. bash
```

为了确认环境变量是否设置成功，可以运行以下命令来确认当前的目录是否在环境变量中：

```
$ echo $ ROS _ PACKAGE _ PATH
```

如果输出：

```
/home/youruser/catkin _ ws/src:/opt/ros/indigo/share:/opt/ros/indigo/stacks
```

至此，工作环境已经建立。

3.2.2　创建 ROS 功能包及功能包编译

工作空间创建完成后，在工作空间下创建功能包。功能包既可以手动创建，也可以使用 catkin _ create _ pkg 命令行创建，为了避免繁琐的步骤，这里使用命令行进行创建。

使用以下命令在上一节建立的工作空间中创建新的功能包：

```
$ cd ~/catkin _ ws/src
$ catkin _ create _ pkg example1 std _ msgs roscpp
```

上述命令行包含了功能包的名称以及依赖项，在这个功能包中，依赖项包括 std _ msgs（这个依赖中包含常见的消息类型和其他基本的消息构造）和 roscpp（这个依赖意思是使用 C++实现 ROS 的各种功能）。创建规则如以下命令行所示：

创建 ROS
功能包及功
能包编译

```
$catkin _ create _ pkg [package _ name] [depend1] [depend2] [depend3] …
```

所有步骤如果执行正确，将会得到如图 3-22 所示的结果。

```
ubuntu@ubuntu-ThinkPad-X260:~/dev/catkin_ws/src$ catkin_create_pkg example1 std_
msgs roscpp
Created file example1/CMakeLists.txt
Created file example1/package.xml
Created folder example1/include/example1
Created folder example1/src
Successfully created files in /home/ubuntu/dev/catkin_ws/src/example1. Please ad
just the values in package.xml.
```

图 3-22　创建功能包结果图

当功能包创建成功后，可以使用 ROS 对文件系统的工具来进行实践，如 rospack、roscd 和 rosls，独立使用方法如下：

- rospack profile：通知添加的内容。
- rospack find example1：查找功能包路径。
- rospack depends example1：查看功能包依赖关系。

- roscd example1：打开功能包路径。
- rosls example1：查看功能包下的内容。

一旦创建了功能包，就可以在功能包下编写代码，然后编译功能包。编译功能包主要是编译代码，当然也可以对空的功能包进行编译，为了对功能包进行编译，需要用到 catkin_make 工具，命令行如下：

```
$ cd ~/catkin_ws
$ catkin_make
```

如果编译没有错误，几秒后会看到如图 3-23 所示的画面。

```
evel;/opt/ros/indigo
-- Using PYTHON_EXECUTABLE: /usr/bin/python
-- Using Debian Python package layout
-- Using empy: /usr/bin/empy
-- Using CATKIN_ENABLE_TESTING: ON
-- Call enable_testing()
-- Using CATKIN_TEST_RESULTS_DIR: /home/ubuntu/dev/catkin_ws/build/test_results
-- Found gtest sources under '/usr/src/gtest': gtests will be built
-- Using Python nosetests: /usr/bin/nosetests-2.7
-- catkin 0.6.19
-- BUILD_SHARED_LIBS is on
-- ~~~~~~~~~~~~~~~~~~~~~~~~~~~~~~~~~~~~~~~~~~~~~~~~~~~~~~~~~~~~~~~~~~~~~~~~~~~~~~~~
-- ~~  traversing 1 packages in topological order:
-- ~~  - example1
-- ~~~~~~~~~~~~~~~~~~~~~~~~~~~~~~~~~~~~~~~~~~~~~~~~~~~~~~~~~~~~~~~~~~~~~~~~~~~~~~~~
-- +++ processing catkin package: 'example1'
-- ==> add_subdirectory(example1)
-- Configuring done
-- Generating done
-- Build files have been written to: /home/ubuntu/dev/catkin_ws/build
####
#### Running command: "make -j4 -l4" in "/home/ubuntu/dev/catkin_ws/build"
####
```

图 3-23　编译功能包

在这里需要注意的是，功能包的编译必须是在工作空间文件夹下运行 catkin_make 命令。如果在其他文件夹下这样做，编译将无法执行。

3.2.3　ROS 节点的使用

ROS 节点的
使用

正如前文所介绍的那样，节点都是 ROS 下的一个可执行程序，这些可执行程序都存在于开发的工作空间中。为了学习和了解节点的相关知识，本书用 ROS 系统自带的 turtlesim 功能包进行相关的练习。

如果是按照本书的教程来安装的 ROS 系统，那么已经有了 turtlesim 功能包，如果没有安装成功，可以用以下的命令行来进行安装：

```
$ sudo apt-get install ros-indigo-ros-tutorials
```

安装好 turtlesim 相关功能包，在开始使用节点之前，必须先运行节点管理器，也就是说必须使用如下命令启动 roscore：

```
$ roscore
```

为了获得节点的相关信息，可以使用 rosnode 工具。为了查看该命令可以接受哪些参数，可以输入以下命令：

$ rosnode

运行该命令后，在终端下会获得一个该工具可接受的参数清单，如图 3-24 所示。

```
ubuntu@ubuntu-ThinkPad-X260:~/dev/catkin_ws$ rosnode
rosnode is a command-line tool for printing information about ROS Nodes.

Commands:
        rosnode ping     test connectivity to node
        rosnode list     list active nodes
        rosnode info     print information about node
        rosnode machine list nodes running on a particular machine or list machi
nes
        rosnode kill     kill a running node
        rosnode cleanup purge registration information of unreachable nodes

Type rosnode <command> -h for more detailed usage, e.g. 'rosnode ping -h'
```

图 3-24　参数清单

在前面，运行了 roscore，这里想要获取正在运行的节点的相关信息，可以运行如下指令：

$ rosnode list

这时在终端下会看到真正运行的节点名称，此时运行的节点只有/rosout，这是正常的，因为这个节点总是随着 roscore 的运行而运行。

对 rosnode 这个工具使用不同的参数，可以获得此节点的各类信息，如 ROS 计算图级中介绍的那样，可以用以下命令获得节点更加详细的信息：

$ rosnode info

$ rosnode ping

$ rosnode machine

$ rosnode kill

$ rosnode cleanup

运行主节点后，现在需要用 rosrun 命令启动一个新的节点，打开一个新的终端，运行如下命令：

$ rosrun turtlesim turtlesim _ node

会看到一个新的窗口，在这个窗口中有一个小海龟，如图 3-25 所示。

通过 rosnode 工具来查看节点列表，会看到出现了一个新的节点：/turtlesim。此时可以通过 rosnode info Node _ name 来查看节点的具体信息，打开一个新的终端，运行以下命令：

$ rosnode info /turtlesim

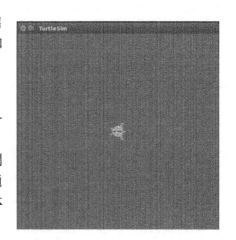

图 3-25　turtlesim _ node 运行结果示意

此时将输出以下信息，如图 3-26 所示。

在上面的信息中，可以清楚地看到节点发布（Publications）和订阅

```
ubuntu@ubuntu-ThinkPad-X260:~$ rosnode info /turtlesim
--------------------------------------------------------------------------
Node [/turtlesim]
Publications:
 * /turtle1/color_sensor [turtlesim/Color]
 * /rosout [rosgraph_msgs/Log]
 * /turtle1/pose [turtlesim/Pose]

Subscriptions:
 * /turtle1/cmd_vel [unknown type]

Services:
 * /turtle1/teleport_absolute
 * /turtlesim/get_loggers
 * /turtlesim/set_logger_level
 * /reset
 * /spawn
 * /clear
 * /turtle1/set_pen
 * /turtle1/teleport_relative
 * /kill


contacting node http://192.168.1.104:33734/ ...
Pid: 8042
Connections:
 * topic: /rosout
    * to: /rosout
    * direction: outbound
    * transport: TCPROS
```

图 3-26　turtlesim 信息示意图

（Subscriptions）的相关主题，该节点具有的服务（Services）以及它们各自唯一的
名称。

3.2.4　ROS 主题与节点的交互

　　ROS 节点之间通过主题的发布与订阅来进行交互，想要获取交互主题的相关信息，可以通过 rostopic 工具来获取。该工具所接受的相关参数可通过与 rosnode 一样的方法来进行查看，具体如下：

- rostopic bw TOPIC：显示主题所使用的带宽。
- rostopic echo TOPIC：将消息输出到屏幕。
- rostopic find TOPIC：按类型查找主题。
- rostopic hz TOPIC：显示主题的发布频率。
- rostopic info TOPIC：输出活动主题的相关信息。
- rostopic list TOPIC：输出活动主题的列表。
- rostopic pub TOPIC：将数据发布到主题。
- rostopic type TOPIC：输出主题的类型。

ROS 主题
与节点的
交互 1

　　如果想要查看这些参数的详细信息，可以使用-h，以查看主题带宽为例，使用方法如下：

　　$ rostopic bw-h

　　通过对 rostopic 使用 pub 参数，可以对发布的主题发布消息，订阅该主题的节点就会接受这个消息内容，具体在本小节的后面做这个测试，现在使用上一小节的海龟节点，同时让节点做如下工作：

　　$ rosrun turtlesim turtle _ teleop _ key

该命令执行后，就可以使用上下左右箭头移动小海龟了。

通过对 rosnode 工具使用 info 参数来查看相关节点信息，具体命令如下：

$ rosnode info /teleop _ turtle

$ rosnode info /turtlesim

运行命令后，将会看到如下信息，如图 3-27 所示，第一个节点发布了一个主题/turtle1/cmd _ vel［geometry _ msgs/Twist］。图 3-28 中，第二个节点订阅了/turtle1/cmd _ vel［geometry _ msgs/Twist］，这就意味着前面的节点发布的主题，后面的节点可以订阅它。

```
ubuntu@ubuntu-ThinkPad-X260:~$ rosnode info /teleop_turtle
--------------------------------------------------------------
Node [/teleop_turtle]
Publications:
 * /turtle1/cmd_vel [geometry_msgs/Twist]
 * /rosout [rosgraph_msgs/Log]

Subscriptions: None
```

图 3-27　发布的主题清单

ROS 主题
及节点的
交互 2

```
ubuntu@ubuntu-ThinkPad-X260:~$ rosnode info /turtlesim
--------------------------------------------------------------
Node [/turtlesim]
Publications:
 * /turtle1/color_sensor [turtlesim/Color]
 * /rosout [rosgraph_msgs/Log]
 * /turtle1/pose [turtlesim/Pose]

Subscriptions:
 * /turtle1/cmd_vel [geometry_msgs/Twist]
```

图 3-28　可订阅的节点

在这里还可以通过以下命令查看所发布的主题清单：

$ rostopic list

终端将输出的信息如图 3-29 所示。

通过对 rostopic 工具使用 echo 参数，可以查看节点在主题上发布的消息。运行以下命令并使用箭头查看消息产生时发送了哪些数据：

```
ubuntu@ubuntu-ThinkPad-X260:~$ rostopic list
/rosout
/rosout_agg
/turtle1/cmd_vel
/turtle1/color_sensor
/turtle1/pose
```

图 3-29　rostopic 发布的主题清单信息

$ rostopic echo /turtle1/cmd _ vel

将会看到的信息如图 3-30 所示。

还可以通过以下命令来查看由主题发送的消息类型：

```
ubuntu@ubuntu-ThinkPad-X260:~$ rostopic echo /turtle1/cmd_vel
linear:
    x: 2.0
    y: 0.0
    z: 0.0
angular:
    x: 0.0
    y: 0.0
    z: 0.0
```

图 3-30   终端输出信息

$ rostopic type /turtle1/cmd _ vel

运行后会看到类似 Geometry _ msgs/Twist 的信息,这时可以通过如下命令查看该消息类型的详细信息:

$ rosmsg show geometry _ msgs/Twist

这时在终端下可以看到的信息如图 3-31 所示。

```
ubuntu@ubuntu-ThinkPad-X260:~$ rosmsg show geometry_msgs/Twist
geometry_msgs/Vector3 linear
    float64 x
    float64 y
    float64 z
geometry_msgs/Vector3 angular
    float64 x
    float64 y
    float64 z
```

图 3-31   终端输出信息

这些工具非常便捷实用,在以后的学习中将会经常用到。这里还可以通过使用 rostopic pub [topic] [msg _ type] [args]命令来直接发布主题:

$ rostopic pub /turtle1/cmd _ vel geometry _ msgs/Twist -r 1 '[1,0,0]' "[0,0,1]'

可以看到小海龟在做圆周运动,如图 3-32 所示。

3.2.5   ROS 服务的使用

节点之间的通信除了主题之外,服务是其另一种方法,服务允许节点发送请求和接收响应,可以使用 rosservice 工具与服务进行交互,该工具接受的参数具体如下:

- rosservice call/service args:根据命令行参数调用服务。
- rosservice find mag-type:根据服务类型查询服务。
- rosservice info/service:输出服务消息。
- rosservice list:输出活动服务清单。
- rosservice type/service:输出服务类型。

对服务的使用,运行 roscore 并启动 turtlesim 节点,这时可以通过如下命令查看此时系统所提供的服务:

$ rosservice list

这时终端下会得到的输出如图 3-33 所示。

如果想查看其中某一个服务的类型,如/kill 服务,请使用如下命令:

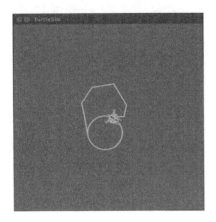

图 3-32 圆周运动示意图

```
ubuntu@ubuntu-ThinkPad-X260:~$ rosservice list
/clear
/kill
/reset
/rosout/get_loggers
/rosout/set_logger_level
/spawn
/teleop_turtle/get_loggers
/teleop_turtle/set_logger_level
/turtle1/set_pen
/turtle1/teleport_absolute
/turtle1/teleport_relative
/turtlesim/get_loggers
/turtlesim/set_logger_level
```

图 3-33 系统提供的服务信息

$ rosservice type /kill

如果想调用某个服务，可以对这个工具只用 call 参数，如想要调用/clear 服务：

$ rosservice call /clear

这时如果移动小海龟，将会看到小海龟移动产生的轨迹消失了。

这里还可以尝试使用其他服务，如对服务/spawn，这个服务是在不同的方向，在另一个位置创建另一个小海龟，运行以下命令：

$ rosservice type /spawn │ rossrv show

这时将会看到的参数如图 3-34 所示。

```
ubuntu@ubuntu-ThinkPad-X260:~$ rosservice type /spawn | rossrv show
float32 x
float32 y
float32 theta
string name
---
string name
```

图 3-34 创建一个"海龟"

通过上面的信息，可以知道如何调用这个服务，需要输入新海龟位置的坐标、方位以及新海龟的名称：

$ rosservice call /spawn 5 6 0.8 "new _ turtle"

运行该命令，结果如图 3-35 所示。

3.2.6 节点的创建和编译

在本节中，主要学习如何在自己的功能包下创建自己的节点，本节主要创建两个节点，一个发布数据，另一个接收数据。这也是两个节点之

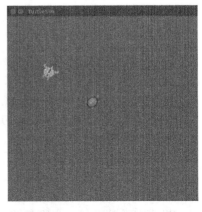

图 3-35 新海龟位置生成

间最基本的通信方式，进入工作空间的 src 文件夹下 example1 功能包下的 src 文件夹，新建两个文件，这里命名为 talker. cpp 和 listener. cpp，执行命令行：

```
$ roscd example1/src/
$ gedit talker. cpp
```

这里会打开一个空白的文件，将以下代码复制到 talker. cpp 中：

```cpp
#include "ros/ros. h"
#include "std _ msgs/String. h"
#include <sstream>

int main( int argc, char * * argv)
{
    ros::init( argc, argv,"talker") ;
    ros::NodeHandle n;
    ros::Publisher pub = n. advertise<std _ msgs::String>( "message", 1000) ;
    ros::Rate loop _ rate( 10) ;
while ( ros::ok( ) )
    {
        std _ msgs::String msg;
        std::stringstream ss;
        ss <<" I am the talker node ";
        msg. data = ss. str( ) ;
        pub. publish( msg) ;
        ros::spinOnce( ) ;
        loop _ rate. sleep( ) ;
    }
return 0;
}
```

节点的创
建和编译 1

节点的创
建和编译 2

对以上代码做进一步解释，首先，这个程序要包含的头文件是 ros/ros. h、std/String. h 和 sstream。其中，ros/ros. h 包含了使用 ROS 节点所有必要的文件，而 std/Sring. h 包含了要使用的消息类型。

ros:: init（argc, argv,"talker"）：这句主要是启动该节点并设置其名称，这里需要注意节点的名称应该是唯一的。

ros:: NodeHandle n：这句主要是设置节点进程的句柄。

ros::Publisher pub = n. advertise<std _ msgs::String>("message", 1000)：这句代码主要是将节点设置成为主体的发布者，并将发布的主题和类型的名称告知节点管理器，message 为发布的主题的名称，缓冲区为 1000 条消息。

ros:: Rate loop _ rate（10）：在这个程序中设置发送数据的频率为 10Hz。

while（ros:: ok（））：当程序收到<Ctrl+C>的按键消息，ros:: ok（）会执行停止节点运行的命令。

std _ msgs::String msg; std::stringstream ss; ss << " I am the talker node ";

msg. data = ss. str( )：这段代码主要是创建一个消息变量，变量的类型必须符合发送数据的要求。

  pub. publish(msg)：消息被发布。

  ros::spinOnce( )：如果有一个订阅者出现，ROS 就会更新并读取所有主题。

  loop _ rate. sleep( )：按照 10Hz 的频率将程序挂起。

  现在创建另一个节点，在功能包 example1 的 src 文件夹的路径下，运行以下命令：

```
$ gedit listener.cpp
```

  将以下代码复制到 listener. cpp 文件中：

```
#include "ros/ros.h"
#include "std_msgs/String.h"

void messageCallback(const std_msgs::String::ConstPtr& msg)
{
    ROS_INFO("I heard: [%s]", msg->data.c_str());
}

int main(int argc, char **argv)
{
    ros::init(argc, argv, "lisrener");
    ros::NodeHandle n;
    ros::Subscriber sub = n.subscribe("message", 1000, messageCallback);
    ros::spin();
return 0;
}
```

  这里对以上代码做一些解释，首先要包含头文件和主题所使用的消息类型。

  void messageCallback(const std _ msgs::String::ConstPtr& msg)：每次该节点收到一条消息时都将调用此函数。

  ROS _ INFO("I heard: [%s]", msg->data. c _ str( ))：将接收到的数据在命令行窗口中输出。

  ros::Subscriber sub = n. subscribe("message", 1000, messageCallback)：创建一个订阅者，并从主题中获取以 message 为名称的消息数据，设置缓冲区为 1000 条消息，处理消息的回调函数为 messageCallback。

  ros::spin( )：节点开始读取主题和在消息到达时，回调函数被调用的循环，当用户按下<Ctrl+C>快捷键，节点会退出消息循环。

  到这里两个节点文件已经编写完成，当要进一步运行这两个节点时，还需要对这个功能包进行编译。在编译之前需要自行编辑 CMakeLists. txt 文件，可以手动打开 example1 功能包下的 CMakeLists. txt 文件，或者在终端下打开 example1 功能包路径，运行以下命令：

```
$ gedit CMakeLists.txt
```

将以下代码复制到文件的末尾处：

include _ directories(
include
$ {catkin _ INCLUDE _ DIRS}
)
add _ executable(talker src/talker. cpp)
add _ executable(listener src/listener. cpp)

add _ dependencies(talker example1 _ generate _ messages _ cpp)
add _ dependencies(listener example1 _ generate _ messages _ cpp)

target _ link _ libraries(talker $ {catkin _ LIBRARIES})
target _ link _ libraries(listener $ {catkin _ LIBRARIES})

现在使用 catkin _ make 工具来编译功能包和全部节点：

$ cd catkin _ ws
$ catkin _ make example1

编译成功，会看到如图 3-36 所示的结果。

```
-- Using Python nosetests: /usr/bin/nosetests-2.7
-- catkin 0.6.19
-- BUILD_SHARED_LIBS is on
--
-- ~~  traversing 1 packages in topological order:
-- ~~   - example1
--
-- +++ processing catkin package: 'example1'
-- ==> add_subdirectory(example1)
-- Configuring done
-- Generating done
-- Build files have been written to: /home/ubuntu/dev/catkin_ws/build
####
#### Running command: "make -j4 -l4" in "/home/ubuntu/dev/catkin_ws/build"
####
Scanning dependencies of target talker
Scanning dependencies of target listener
[ 50%] Building CXX object example1/CMakeFiles/talker.dir/src/talker.cpp.o
[100%] Building CXX object example1/CMakeFiles/listener.dir/src/listener.cpp.o
Linking CXX executable /home/ubuntu/dev/catkin_ws/devel/lib/example1/talker
Linking CXX executable /home/ubuntu/dev/catkin_ws/devel/lib/example1/listener
[100%] Built target listener
[100%] Built target talker
```

图 3-36　功能包编译成功

节点编译成功，测试这两个节点的运行，首先打开一个终端，运行主节点 roscore，另外打开两个终端，运行新建的两个节点：

$ roscore
$ rosrun example1 talker
$ rosrun example1 listener

如果检查运行 listener 节点的窗口，将会看到的信息如图 3-37 所示。

可以通过 rqt _ graph 可视化工具来查看节点之间的关系，打开一个终端运行以下

```
ubuntu@ubuntu-ThinkPad-X260:~/dev/catkin_ws$ rosrun example1 listener
[ INFO] [1556275589.229554161]: I heard: [ I am the talker node ]
[ INFO] [1556275589.329503183]: I heard: [ I am the talker node ]
[ INFO] [1556275589.429502703]: I heard: [ I am the talker node ]
[ INFO] [1556275589.529494788]: I heard: [ I am the talker node ]
[ INFO] [1556275589.629537828]: I heard: [ I am the talker node ]
[ INFO] [1556275589.729530028]: I heard: [ I am the talker node ]
```

图 3-37 检查节点信息

命令：

$ rosrun rqt _ graph rqt _ graph

运行后可以看到如图 3-38 所示的结果，图中可以看到两个节点之间正在发生消息传递，talker 节点发布 message 主题，同时 listener 节点订阅了这个主题。

图 3-38 节点间信息传递

将之前学习的工具在这里进行实践，具体可以通过使用 rosnode 和 rostopic 工具来调试和查看当前节点的运行情况，在节点运行后，尝试运行以下命令：

$ rosnode list

$ rosnode info / talker

$ rosnode info / listener

$ rostopic list

$ rostopic info / message

$ rostopic type / message

$ rostopic bw / message

3.2.7　服务和消息文件的创建和使用

这一节主要学习如何在节点中创建消息文件和服务文件，它们的主要作用是定义传输的数据类型和数据值，ROS 会根据这些文件内容自动创建所需要的代码，以保证所创建的 msg 和 srv 文件能够在节点中被使用。下面首先学习如何创建 msg 文件。

1. 消息文件的创建及使用

在上一节中，在两个节点中都用了标准类型的 message 消息类型，现在学习如何创建自定义消息。首先需要在 example1 功能包文件夹下创建 msg 文件夹，可以直接在文件夹下右击新建文件夹，也可通过命令创建：

$ cd catkin _ ws/src/example1

$ mkdir msg

$ cd msg

$ gedit msg1. msg

然后在 msg1. msg 文件下输入以下行：

int32 A

int32 B

int32 C

消息文件
的创建及
使用 1

这样消息文件就定义完成，然后在编译该消息文件前需要对功能包文件夹下的 package. xml 以及 CMakeLists. txt 文件进行修改。首先对于 package. xml 文件，打开文件将文件中的<build _ depend>message _ generation</build _ depend>以及<exec _ depend >message _ runtime</exec _ depend>两行取消注释，去掉<! -- -->。完成 package. xml 文件的修改后，修改 CMakeLists. txt，将该文件按下列内容修改：

```
catkin _ package{
CATKIN _ DEPENDS message _ runtime
}
find _ package{catkin REQUIRED COMPONENTS
roscpp
std _ msgs
message _ generation
}
add _ message _ files{
FILES
msg1. msg
}
generate _ messages{
DEPENDENCIES
std _ msgs
}
```

消息文件
的创建及
使用 2

消息文件
的创建及
使用 3

文件修改完成后对功能包进行编译，进入到工作空间文件夹下用 catkin _ make 进行编译，检查该消息是否编译成功，运行命令 rosmsg show example1/ msg1，如果显示与 msg1. msgs 中的内容一样，说明编译成功。

消息创建成功，现在将要用创建的 msg 文件来创建节点，这个例子与上一节的一样，在功能包 example1 文件夹下的 src 文件夹下创建两个文件：talker _ msg. cpp 以及 listener _ msg. cpp，在这两个文件里同时调用 msg1. msg。

消息文件
的创建及
使用 4

将下面的代码放在 talker _ msg. cpp 中：

```
#include "ros/ros. h"
#include "example1/msg1. h"
#include <sstream>

int main( int argc, char * * argv)
{
  ros::init( argc, argv,"talker _ msg" );
  ros::NodeHandle n;
  ros::Publisher pub = n. advertise<example1::msg>( "message", 1000);
  ros::Rate loop _ rate(10);
while ( ros::ok())
  {
```

```
        example1::msg1 msg;
        msg.A = 1;
        msg.B = 2;
        msg.C = 3;
        pub.publish(msg);
        ros::spinOnce();
        loop_rate.sleep();
    }
    return 0;
}
```

将下面的代码放入 listener_msg.cpp 中：

```
#include "ros/ros.h"
#include "example1/msg1.h"

void messageCallback(const example1::msg1::ConstPtr& msg)
{
    ROS_INFO("I heard:[%d][%d][%d]", msg->A, msg->B, msg->C);
}

int main(int argc, char * * argv)
{
    ros::init(argc, argv,"listener_msg");
    ros::NodeHandle n;
    ros::Subscriber sub = n.subscribe("message", 1000, messageCallback);
    ros::spin();
    return 0;
}
```

该代码与上一节中的代码相似，可对照上一节自行理解。修改 CMakeLists.txt 文件，具体修改如下：

```
add_executable (talker_msg src/talker_msg.cpp)
add_executable (listener_msg src/listener_msg.cpp)

add_dependencies (talker_msg example1_generate_messages_cpp)
add_dependencies (listener_msg example1_generate_messages_cpp)

target_link_libraries (talker_msg $ {catkin_LIBRARIES} )
target_link_libraries (listener_msg $ {catkin_LIBRARIES} )
```

进入工作空间文件夹下，进行编译，编译成功，按照上一节的方法运行这两个节点，将会看到如图 3-39 所示的消息。

2. 服务文件的创建和使用

与消息文件相似，在功能包文件夹下创建一个 srv 文件夹，然后再创建一个服务

```
ubuntu@ubuntu-ThinkPad-X260:~/dev/catkin_ws$ rosrun example1 listener_msg
[ INFO] [1556279298.291609360]: I heard: [1] [2] [3]
[ INFO] [1556279298.391571272]: I heard: [1] [2] [3]
[ INFO] [1556279298.491552440]: I heard: [1] [2] [3]
[ INFO] [1556279298.591588253]: I heard: [1] [2] [3]
[ INFO] [1556279298.691571186]: I heard: [1] [2] [3]
[ INFO] [1556279298.791571469]: I heard: [1] [2] [3]
[ INFO] [1556279298.891570748]: I heard: [1] [2] [3]
```

图 3-39　终端输出信息

文件 srv1. srv，具体命令如下：

```
$ cd catkin _ ws/src/example1
$ mkdir srv
$ cd srv
$ gedit srv1. srv
```

服务文件
的创建及
使用 1

然后在 srv1. srv 文件中输入以下内容：

```
int32 A
int32 B
int32 C
---
int32 sum
```

服务文件
的创建及
使用 2

这样服务文件就定义完成，然后在编译该服务文件前需要对功能包文件夹下 CMakeLists. txt 文件进行修改。

```
add _ service _ files{
FILES
example _ srv1. srv
}
```

与消息文件编译方式一样，在工作空间文件夹下用 catkin _ make 进行编译，如果编译成功，使用如下命令时，会显示与 srv1. srv 文件相同的内容：

```
$ rossrv show example1/srv1
```

下面将具体学习如何创建一个服务并且在 ROS 中使用，该服务将会对三个整数求和，这里需要新建两个节点：一个服务端，一个客户端。

在 example1 功能包的 src 文件夹中新建 srv _ pub. cpp 以及 client. cpp 两个文件。在 srv _ pub. cpp 文件中添加以下代码：

```cpp
#include "ros/ros. h"
#include "example1/srv1. h"

bool add( example1 :: srv1 ::Request  &req,
        example1 :: srv1 ::Response &res)
{
  res. sum = req. A + req. B + req. C;
```

65

```
ROS_INFO("request: A=%d, B=%d C=%d", (int)req.A, (int)req.B, (int)req.C);
ROS_INFO("sending back response: [%d]", (int)res.sum);
return true;
}

int main(int argc, char * * argv)
{
    ros::init(argc, argv, "add_3_ints_server");
    ros::NodeHandle n;

    ros::ServiceServer service = n.advertiseService("add_3_ints", add);
    ROS_INFO("Ready to add 3 ints.");
    ros::spin();

    return 0;
}
```

头文件：包含 ros 头文件和所创建的 srv1 头文件。

bool add：这个函数会对三个变量求和，并将计算的结果发送给其他节点。

ros::ServiceServer service = n.advertiseService("add_3_ints", add)：这句代码主要是创建服务并在 ROS 中发布广播。

在 client.cpp 文件中添加以下代码：

```
#include "ros/ros.h"
#include "example1/srv1.h"
#include <cstdlib>

int main(int argc, char * * argv)
{
    ros::init(argc, argv, "add_3_ints_client");
if (argc != 4)
    {
        ROS_INFO("usage: add_3_ints_client A B C");
return 1;
    }

    ros::NodeHandle n;
    ros::ServiceClient client = n.serviceClient<example1::srv1>("add_3_ints");
    example1::srv1 srv;
    srv.request.A = atoll(argv[1]);
    srv.request.B = atoll(argv[2]);
    srv.request.C = atoll(argv[3]);
    if (client.call(srv))
```

```
    {
        ROS_INFO("Sum: %ld", (long int)srv.response.sum);
    }
else
    {
        ROS_ERROR("Failed to call service add_two_ints");
return 1;
    }


return 0;
}
```

代码解释：

ros::ServiceClient client = n.serviceClient<example1::srv1>("add_3_ints");以 add_3_ints 为名创建一个服务的客户端。

example1::srv1 srv; srv.request.A = atoll(argv[1]); srv.request.B = atoll(argv[2]); srv.request.C = atoll(argv[3]); 这几行代码主要是创建 srv 文件的一个实例，并且加入需要发送的数据值，按照服务文件的定义，这里需要三个字段。

if (client.call(srv)): 这行代码会调用服务并发送数据，如果调用成功，call () 会返回 true，如果没有成功会返回 false。

修改 CMakeLists.txt 文件，添加编译信息，打开文件将下列命令行粘贴进去：

```
add_executable(srv_pub src/srv_pub.cpp)
add_executable(client src/client.cpp)


add_dependencies(srv_pub example1_generate_messages_cpp)
add_dependencies(client example1_generate_messages_cpp)


target_link_libraries(srv_pub ${catkin_LIBRARIES})
target_link_libraries(client ${catkin_LIBRARIES})
```

进入工作空间文件夹下，进行编译，编译成功，在两个终端下运行这两个节点：

```
$ roscore
$ rosrun example1 srv_pub
$ rosrun example1 client 5 72 9
```

会看到如图 3-40、图 3-41 所示的结果。

```
ubuntu@ubuntu-ThinkPad-X260:~/dev/catkin_ws$ rosrun example1 srv_pub
[ INFO] [1556281187.654907847]: Ready to add 3 ints.
[ INFO] [1556281191.125947699]: request: A=5, B=72 C=9
[ INFO] [1556281191.125979869]: sending back response: [86]
```

图 3-40 编译成功结果 1

```
ubuntu@ubuntu-ThinkPad-X260:~/dev/catkin_ws$ rosrun example1 client 5 72 9
[ INFO] [1556281191.126255271]: Sum: 86
```

图 3-41 编译成功结果 2

3.2.8 Launch 启动文件

启动文件在 ROS 中是一个非常有用的功能，可以同时启动多个节点，在前面的学习中，已经学习了创建节点，并且在不同的终端窗口执行，如果有 100 个节点需要运行，那就需要同时打开 100 个终端，非常繁琐。不过通过 launch 启动文件可以有效地解决这个问题，运行后缀为 .launch 的配置文件来启动多个节点。

在功能包下新建 launch 文件夹，创建 example.launch：

```
$ cd catkin_ws/src/example1
$ mkdir launch
$ cd launch
$ gedit example1.launch
```

在文件中输入下面的代码：

launch
启动文件

```xml
<? xml version="1.0"? >
<launch>
    <node name="talker" pkg="example1" type="talker"/>
    <node name="listener" pkg="example1" type="listener"/>
</launch>
```

这个例子，运行了 3.2.6 节中创建的两个节点。这个文件包括 launch 启动标签，在标签内部可以看到节点标签，这个节点标签用于从功能包中启动节点，如从 example1 中启动 talker 节点。

可以通过以下命令启动这个文件：

```
$ roslaunch example1 example1.launch
```

将会看到如图 3-42 所示的结果。

```
Checking log directory for disk usage. This may take awhile.
Press Ctrl-C to interrupt
Done checking log file disk usage. Usage is <1GB.

started roslaunch server http://192.168.1.104:39940/

SUMMARY
========

PARAMETERS
 * /rosdistro: indigo
 * /rosversion: 1.11.21

NODES
  /
    listener (example1/listener)
    talker (example1/talker)

ROS_MASTER_URI=http://192.168.1.104:11311

core service [/rosout] found
process[talker-1]: started with pid [10518]
process[listener-2]: started with pid [10519]
```

图 3-42　启动 talker 节点

此时通过如下的命令查看运行的节点信息：

$ rosnode list

将会看到如图 3-43 所示的信息。

```
ubuntu@ubuntu-ThinkPad-X260:~/dev/catkin_ws$ rosnode list
/listener
/rosout
/talker
```

图 3-43　talker 节点信息

在执行启动文件时，并不需要提前启动 roscore，roslaunch 会自动启动它。在 3.2.6 节中 listener 节点会看到接收到的消息，现在却看不到，这个只有在单独运行一个节点时才可以看到，如果想看到信息，可以在一个新的终端下运行：

$ rqt _ console

会看到 listener 发送的消息，在图 3-44 中可以看到发送的消息以及来源文件。

图 3-44　listener 发送的信息及来源文件

3.3　基于 ROS 系统的机器人实践

Turtlebot 是 Willow Garage 公司开发的一款低成本的机器人平台，其目的是给入门级的机器人爱好者或者从事移动机器人编程开发者提供一个基础的实验平台，方便他们直接使用 Turtlebot 自带的软硬件，专注于应用程序的开发，避免了设计草图、购买加工材料、设计电路、编写驱动、组装等一系列工作。借助该机器人平台可以省略很多前期的工作，只要根据平台的软硬件接口，就能开发出所需的功能。

Turtlebot 可以说是 ROS 中最为重要的机器人之一，它伴随 ROS 一同成长，一直都作为 ROS 开发前沿的机器人，几乎每个版本的 ROS 测试都会以 Turtlebot 为主。所以 Turtlebot 也是 ROS 支持度最好的机器人之一，可以在 ROS 社区中获得大量关于 Turtlebot 的资源，很多功能包都能直接复用到自己的移动机器人平台上，是使用 ROS 开发移动机器人的重要资源。

3.3.1　Turtlebot 介绍

Turtlebot 第一代发布于 2010 年，2012 年发布了第二代产品。前两代 Turtlebot 都使用 iRobot 的机器人作为底盘，在底盘上可以装载激光雷达、Kinect 等传感器，使用 PC 搭载基于 ROS 的控制系统。在 2016 年的 ROSCon 上，韩国机器人公司 Robotis 和开源机器人基金会（OSRF）发布了 Turtlebot 3，彻底颠覆了原有 Turtlebot 的外形设计，成本进一步降低，而且模块化更强，可以根据开发者的需求自由改装。Turtlebot 3 并不是为取代 Turtlebot 2 而生，而是提出了一种更加灵活的移动机器人平台。

在本书中，主要介绍的版本是 Turtlebot2，Turtlebot2 主要构成如图 3-46 所示，其主要包含三个部分：Kobuki 底盘、主机以及传感器 Kinect。

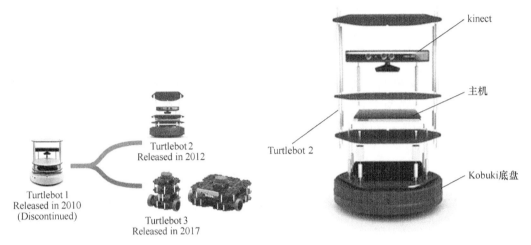

图 3-45　Turtlebot 演化历程　　　图 3-46　Turtlebot2 主要结构示意图

（1）Kobuki 底盘

Kobuki 是 Yujin 公司开发的移动机器人底盘，机器人接口控制板有 32 个内置传感器，两个驱动轮，两个从动轮，共四个可移动小轮，110°/s 单轴陀螺仪，一对编码器，一个可以扩大的输入输出端口和一个后挡板。开放式接口可以直接实现对机器人的移动、声音、显示以及输入传感器的操作。

（2）Kinect

最初 Turtlebot2 所带的传感器是微软在 2009 年发布的 kinect 1.0 深度传感器，如图 3-47a 所示，在 2014 年微软公司发布了 Kinect 的二代产品，停产了第一代传感器。所以现在的 Turtlebot2 所配备的传感器 Kinect2.0，如图 3-47b 所示，相较于上一代 Kinect，Kinect2.0 除了在外形上的变化之外，全新的 Kinect2.0 在性能上要比老款产品优秀很多，精准度得到了大幅提升。Kinect2.0 的摄像头模块分辨率一举从 VGA 跃进至 1080P，摄像头分辨率提升带来的更大变化就是识别精度的提高，而且 Kinect2.0 的精度是上一代产品的三倍，它的镜头视角也更大（60°）。

a)　　　　　　　　　　　　　　b)

图 3-47　Kinect 深度信息传感器

a）Kinect1.0　b）Kinect2.0

3.3.2　Turtlebot 功能包安装和配置

Turtlebot2 作为一个对 ROS 支持度最好的机器人之一，ROS 为其提供了标准的安装包。Turtlebot2 功能包的安装主要有两种方法，第一种是直接通过命令安装，第二种是编译源码。第一种方法安装过程简单，具体命令如下所示：

$ sudo apt-get update

$ sudo apt-get install ros-indigo-turtlebot ros-indigo-turtlebot-apps ros-indigo-turtlebot-interactions ros-indigo-turtlebot-simulator ros-indigo-kobuki-ftdi ros-indigo-rocon-remocon ros-indigo-rocon-qt-library ros-indigo-ar-track-alvar-msgs

turtlebot

安装 1

但是 ROS 提供的功能包中的传感器主要是 kinect1.0，而本书使用的是第二代产品，在用 Turtlebot2 功能包的时候需要将其替换掉，所以就需要进行源码安装以方便改写原来的代码。

（1）安装准备

输入命令如下：

$ sudo apt-get install python-rosdep python-wstool ros-indigo-ros

$ sudo rosdep init

$ rosdep update

turtlebot

安装 2

（2）安装 rocon 工作空间

输入命令如下：

$ mkdir ~/rocon

$cd ~/rocon

$wstool init -j5 srchttp://raw. github. com/robotics-in-concert/rocon/release/indigo/rocon. rosinstall

$ source /opt/ros/indigo/setup. bash

$ rosdep install --from-paths src -i -y

$ catkin _ make

turtlebot

安装 3

（3）安装 kobuki 工作空间

输入命令如下：

$ mkdir ~/kobuki

$ cd ~/kobuki

$ wstool init src -j5https://raw. github. com/yujinrobot/yujin _ tools/master/rosinstalls/ indigo/kobuki. rosinstall

$ source ~/rocon/devel/setup. bash

$ rosdep install --from-paths src -i -y

$ catkin _ make

（4）安装 turtlebot 工作空间

输入命令如下：

$ mkdir ~/turtlebot

```
$ cd ~/turtlebot
$ wstool init src -j5 https://raw. github. com/yujinrobot/yujin _ tools/master/ rosinstalls/indigo/ turtle-
bot. rosinstall
$ source ~/kobuki/devel/setup. bash
$ rosdep install --from-paths src -i -y
$ catkin _ make
```

（5）Kinect2. 0 ROS 驱动安装

kinect2. 0 在 ROS indigo 下的驱动安装主要分为两部分，分别是 kinect2. 0 的开源驱动 libfreenect2 以及将 kinect2. 0 的输出数据转换成 ROS 中可识别和使用的数据的功能包 iai _ kinect2。

首先安装开源驱动 libfreenect2，命令如下：

```
$ git clone https://github. com/OpenKinect/libfreenect2. git
$ cd libfreenect2
$ cd depends
$ ./download _ debs _ trusty. sh
$ sudo apt-get install build-essential cmake pkg-config
$ sudo dpkg -i debs/libusb * deb
$ sudo apt-get install libturbojpeg libjpeg-turbo8-dev
$ sudo dpkg -i debs/libglfw3 * deb
$ sudo apt-get install -f
$ cd ..
$ mkdir build && cd build
$ cmake .. -DCMAKE _ INSTALL _ PREFIX = $ HOME/freenect2
$ make
$ make install
$ sudo cp ../platform/linux/udev/90-kinect2. rules /etc/udev/rules. d/
```

这里驱动已经安装完毕，将 kinect2. 0 的 USB 插口拔下再插上，运行 lsusb，如果出现图 3-48 中画线的内容，说明驱动安装成功。

```
ubuntu@ubuntu-ThinkPad-X260:~$ lsusb
Bus 002 Device 003: ID 045e:02c4 Microsoft Corp.
Bus 002 Device 002: ID 045e:02d9 Microsoft Corp.
Bus 002 Device 001: ID 1d6b:0003 Linux Foundation 3.0 root hub
Bus 001 Device 006: ID 138a:0017 Validity Sensors, Inc. Fingerprint Reader
Bus 001 Device 005: ID 04f2:b52c Chicony Electronics Co., Ltd
Bus 001 Device 004: ID 8087:0a2b Intel Corp.
Bus 001 Device 007: ID 045e:02d9 Microsoft Corp.
Bus 001 Device 002: ID 17ef:6050 Lenovo
Bus 001 Device 008: ID 0930:6545 Toshiba Corp. Kingston DataTraveler 102/2.0 / H
EMA Flash Drive 2 GB / PNY Attache 4GB Stick
Bus 001 Device 001: ID 1d6b:0002 Linux Foundation 2.0 root hub
ubuntu@ubuntu-ThinkPad-X260:~$
```

图 3-48　驱动安装成功示意图

然后安装 iai-kinect2，命令如下：

```
$ cd ~/catkin _ ws/src
```

turtlebot
安装4

turtlebot
安装5

turtlebot
安装6

```
$ git clone https://github. com/code-iai/iai _ kinect2. git
$ cd iai _ kinect2
$ rosdep install -r --from-paths .
$ cd ~/catkin _ ws
$ catkin _ make -DCMAKE _ BUILD _ TYPE = " Release"
```

至此，Turtlebot2 的底盘驱动以及传感器的驱动已经全部安装完成，下面主要对机器人的相关功能进行测试。

3.3.3 机器人底盘测试

首先检测设备，在终端输入命令：

```
$ ls /dev/kobuki
```

这时会在终端下显示对应的设备，如图 3-49 所示。

```
ubuntu@ubuntu-ThinkPad-X260:~$ ls /dev/kobuki
/dev/kobuki
```

图 3-49　底盘测试命令

机器人底盘测试

如果没有，运行以下命令，添加别名：

```
$ rosrun kobuki _ ftdi create _ udev _ rules
```

在运行上面一条命令前，先进行 roscore，完成后重插 USB 线，再进行上述的检测命令。

配置环境，这样会自动添加环境变量：

```
$ echo " source ~/turtlebot/devel/setup. bash"  >>  ~/. bashrc
$ source ~/. bashrc
```

对 Turtlebot 进行键盘遥控来测试底盘驱动是否安装正确，打开机器人开关，指示灯变亮，打开一个终端，输入以下命令：

```
$ roslaunch turtlebot _ bringup minimal. launch
```

如果底盘启动成功，会发出提示音，说明启动成功，这时新打开另一个终端，输入以下命令启动键盘控制：

```
$ roslaunch turtlebot _ teleop keyboard _ teleop. launch
```

这时会出现如图 3-50 所示的画面，说明键盘启动成功，这时单击<i>键，机器人会按一定的速度前进。

3.3.4 机器人传感器测试

机器人底盘测试完毕，下面对传感器进行测试。如何在 ROS 中获取 kinect2.0 的数据，打开一个终端，运行以下命令：

```
$ roslaunch kinect2 _ bridge kinect2 _ bridge. launch
```

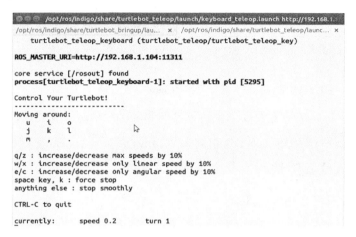

图 3-50　键盘启动成功结果图

再打开一个终端，开启一个 viewer 来查看数据：

$ rqt_image_view

这时可以看到如图 3-51 所示的结果，并且可以通过以下选项来查看传感器发布的各种主题的信息。

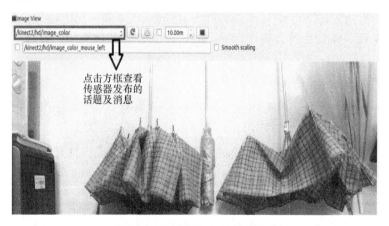

图 3-51　传感器发布的主题信息

Kinect2
测试

3.3.5　机器人跟随功能实现

机器人跟随功能主要是依靠计算传感器前方点云与传感器之间的距离来实现的，由于 ROS 教程提供的跟随功能包是基于 kinect1.0 传感器，而本书的传感器是 kinect2.0，两个传感器驱动所发布的话题不一致，所以这个功能包不能直接用于本机器人。下面将提供一个能够实现机器人跟随的功能包，该功能包主要是由 ros_by_example 提供，本书提供了许多 ROS 学习例程，有助于读者快速入门 ROS 系统的开发，具体的功能包源码放在 GitHub 上（GitHub 是一个代码托管平台，包含了非常多优秀的开源代码，如谷歌开源的 Cartographer）。

当然不可能所有的功能包都是可以用于自己的机器人的，还要对其相关部分进行修改才能在自己的机器人上运行，首先下载功能包源码，然后再学习如何修改，具体命令如下：

```
$ cd ~/catkin_ws/src
$ git clone https://github.com/pirobot/rbx1.git
$ cd rbx1
$ git checkout indigo-devel
```

机器人跟随功能安装实现1

运行到这，已经将这个功能包的源代码克隆到工作空间的源文件夹下了，该功能包结构如图 3-52 所示。

这里需要修改的地方在图 3-52rbx1_apps 文件夹中的 follower 功能包中，follower 功能包结构如图 3-53 所示，主要修改部分包含两个部分，第一部分是对 follower 源码中发布的速度话题进行修改，改成机器人底盘所订阅的速度话题，底盘具体的话题订阅信息可以通过上面学习的 rosnode 命令来查看，打开 follower.py 文件，具体修改如下：将 self.cmd_vel_pub=rospy.Publisher（'cmd_vel',Twist, queue_size=5）修改为 self.cmd_vel_pub=rospy.Publisher（'cmd_vel_mux/input/teleop',Twist, queue_size=5）。打开 launch 文件夹下的 follower.launch，将其中<remap from="point_cloud" to="/camera/depth_registered/points">修改为<remap from="point_cloud" to="/kinect2/sd/points">，修改完成后，对功能包进行编译，命令如下：

机器人跟随功能安装实现2

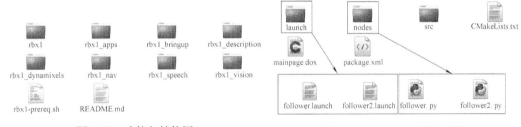

图 3-52 功能包结构图　　图 3-53 follower 功能包结构

```
$ cd ~/catkin_ws
$ catkin_make
$ source ~/catkin_ws/devel/setup.bash
$ rospack profile
```

至此，跟随功能包已经编译完成，运行以下命令，当人站在机器人前面，机器人就会进行跟随运动：

```
$ roslaunch turtlebot_bringup minimal.launch
$ roslaunch kinect2_bridge kinect2_bridge.launch
$ roslaunch rbx1_apps follower.launch
```

3.3.6　基于 ROS 的多机通信配置

实现基于 ROS 的多机通信，将一台计算机作为主机放在 Turtlebot 机器人上面，所有机器人控制指令在另一台计算机（从机）上面操作。需要注意的是进行通信的计算机都必须在同一个局域网中，如连接同一路由器，下面是两台计算机的具体配置步骤。

1）将两台计算机的时间同步，分别在两台计算机上运行如下命令：

$ sudo apt-get install chrony

$ sudo apt-get install ntpdate

$ sudo ntpdate ntp. ubuntu. com

2）获取两台计算机的主机名，在两台计算机上运行如下命令：

$ hostname

将会看到如图 3-54 所示的信息。

```
snowman@snowman-ThinkPad-X260:~$ hostname
snowman-ThinkPad-X260
```

图 3-54　hostname 信息

3）获取主机和从机的 IP 地址，在两台计算机中运行如下命令：

$ ifconfig

具体查看信息如图 3-55 所示。

```
snowman@snowman-ThinkPad-X260:~$ ifconfig
enp0s31f6 Link encap:以太网  硬件地址 c8:5b:76:4b:4f:37
          UP BROADCAST MULTICAST  MTU:1500  跃点数:1
          接收数据包:0 错误:0 丢弃:0 过载:0 帧数:0
          发送数据包:0 错误:0 丢弃:0 过载:0 载波:0
          碰撞:0 发送队列长度:1000
          接收字节:0 (0.0 B)  发送字节:0 (0.0 B)
          中断:16 Memory:f1200000-f1220000

lo        Link encap:本地环回
          inet 地址:127.0.0.1  掩码:255.0.0.0
          inet6 地址: ::1/128 Scope:Host
          UP LOOPBACK RUNNING  MTU:65536  跃点数:1
          接收数据包:15296 错误:0 丢弃:0 过载:0 帧数:0
          发送数据包:15296 错误:0 丢弃:0 过载:0 载波:0
          碰撞:0 发送队列长度:1000
          接收字节:2596915 (2.5 MB)  发送字节:2596915 (2.5 MB)

wlp4s0    Link encap:以太网  硬件地址 e4:a4:71:bb:cf:b0
          inet 地址:192.168.1.106  广播:192.168.1.255  掩码:255.255.255.0
          inet6 地址: fe80::1c18:3b1c:381c:bb60/64 Scope:Link
          UP BROADCAST RUNNING MULTICAST  MTU:1500  跃点数:1
          接收数据包:119796 错误:0 丢弃:0 过载:0 帧数:0
          发送数据包:22475 错误:0 丢弃:0 过载:0 载波:0
          碰撞:0 发送队列长度:1000
          接收字节:107091868 (107.0 MB)  发送字节:2458373 (2.4 MB)
```

图 3-55　终端网络信息

4）修改 hosts 文件，hosts 文件位于/etc 文件夹下，是只读文件，需要获取管理员权限命令来修改它，两台计算机具体运行命令如下：

$ sudo gedit /etc/hosts

在两台计算机的 hosts 文件中添加如图 3-56 所示的内容。

5）分别修改两台计算机的 ~/. bashrc 文件，主机的 ~/. bashrc 文件修改，运行如下命令打开文件：

```
127.0.0.1      localhost
127.0.1.1      snowman
IP_主机        主机名
IP_从机        从机名
```

图 3-56　hosts 文件修改内容

```
$ gedit ~/. bashrc
```

在文件最后添加以下内容：

export ROS _ HOSTNAME = IP _主机

export ROS _ MASTER _ URI = http://localhost:11311

从机的 ~/. bashrc 文件添加的内容为：

export ROS _ HOSTNAME = IP _从机

export ROS _ MASTER _ URI = http:// IP _主机:11311

修改完成后，需要运行以下命令，两台计算机修改后的 ~/. bashrc 文件才能生效：

```
$ source ~/. bashrc
```

6）计算机通信测试。首先在两台计算机上安装 ssh，具体命令如下：

```
$ sudo apt-get install openssh-server
```

完成后在从机上检测与主机的连通情况，运行如下命令：

```
$ ping 主机名
```

然后在主机上检测与从机的连通情况，得到如图 3-57 所示的结果，则说明通信成功。

```
snowman@snowman-ThinkPad-X260:~$ ping ubuntu
PING ubuntu (192.168.1.109) 56(84) bytes of data.
64 bytes from ubuntu (192.168.1.109): icmp_seq=1 ttl=64 time=1048 ms
64 bytes from ubuntu (192.168.1.109): icmp_seq=2 ttl=64 time=44.8 ms
64 bytes from ubuntu (192.168.1.109): icmp_seq=3 ttl=64 time=5.91 ms
64 bytes from ubuntu (192.168.1.109): icmp_seq=4 ttl=64 time=92.8 ms
64 bytes from ubuntu (192.168.1.109): icmp_seq=5 ttl=64 time=220 ms
```

图 3-57　两个终端之间通讯测试

7）Turtlebot 机器人通信测试。

首先需要在主机和从机间建立连接，主机放置在机器人上并将相关 USB 插口与主机相连，打开机器人电源开关，确保主机、从机在同一局域网下，在从机中打开一个窗口，运行"ssh 主机名@ IP _主机"命令，如：

```
$ ssh snowman@ 192. 168. 1. 106
```

然后输入主机密码，密码是在安装 Ubuntu 系统时设置的。连接成功后会出现如图 3-58 所示的结果，终端的名称变为主机名。

在从机的终端中输入命令，打开机器人底盘：

```
$ roslaunch turtlebot _ bringup minimal. launch
```

再打开一个终端，同样运行"ssh 主机名@ IP _主机"命令，与主机建立联系后，运行机器人键盘控制：

```
$ roslaunch turtlebot _ teleop keyboard _ teleop. launch
```

这时就可以在从机中控制机器人的运动。至此，机器人运行 Turtlebot 的配置基本完成。

```
relaybot@ubuntu:~$ ssh snowman@192.168.1.106
snowman@192.168.1.106's password:
Welcome to Ubuntu 16.04.3 LTS (GNU/Linux 4.10.0-42-generic x86_64)

 * Documentation:  https://help.ubuntu.com
 * Management:      https://landscape.canonical.com
 * Support:         https://ubuntu.com/advantage

246 个可升级软件包。
6 个安全更新。

New release '18.04.2 LTS' available.
Run 'do-release-upgrade' to upgrade to it.

*** 需要重启系统 ***
Last login: Fri May 10 10:27:11 2019 from 192.168.1.109
[rospack] Error: package 'turtlebot_navigation' not found
snowman@snowman-ThinkPad-X260:~$ ▉
```

图 3-58   连接成功示意图

3.4   基于 ROS 系统的 SLAM 开源方案

ROS 开源到现在，出现了一批又一批优秀的开源代码，代码覆盖领域广泛，就本书的 SLAM 技术来说，基于 ROS 的开源 SLAM 方案就非常多，总共可以分为两个大类，分别是基于激光雷达的开源方案和基于视觉的开源方案，下面将分别对它们进行简单的介绍。在第 4 章和第 5 章会分别对这两类开源的方案进行详细介绍，并在 Turtlebot 机器人上完成 SLAM 方案的实践。

3.4.1   基于激光雷达的 SLAM 算法

这一节主要介绍关于激光雷达的 SLAM 开源方案，本节选取一些最常见的开源 SLAM 方案来进行介绍，读者有兴趣也可以选取其他的开源方案进行了解，一些常见的基于激光的开源 SLAM 方案见表 3-3。

表 3-3   基于激光的 SLAM 方案

方案名称	传感器形式	地址
Hector SLAM	激光雷达	http：//wiki. ros. org/hector _ slam
Gmapping	激光雷达	http：//wiki. ros. org/gmapping
Cartographer	激光雷达	https：//github. com/googlecartographer/cartographer _ ros

（1）Hector SLAM

Hector SLAM 是一种结合了鲁棒性较好的扫描匹配（scan matching）算法的 2D 激光 SLAM 方法，同时在该方案中使用了惯性传感系统的导航技术。该方案对激光传感器的基本要求为：高更新频率、低测量噪声的激光扫描仪，并且不需要里程计，这就使得这个方案可以运用于空中无人机或地面小车在不平坦区域等场景。由于利用现代激光雷达的高更新率和低距离测量噪声，通过扫描匹配实时地对机器人运动进行估计，所以当只有低更新率的激光传感器时，即便测距估计很精确，该系统也会出现一定的问题。

（2）Gmapping

Gmapping 是一种基于激光的 SLAM 算法，它已经集成在 ROS 中，是一种基于 Rao-Blackwellized 的粒子滤波 SLAM 方法。基于粒子滤波的算法用加权粒子表示路径的后验概率，每个粒子都给出一个重要性因子，一般需要大量的粒子才能获得比较好的近似效果，从而增加该算法的计算复杂性。此外，与 PF 重采样过程相关的粒子退化耗尽问题也降低了算法的准确性。粒子退化问题包括在重采样阶段从样本集粒子中去掉大量的粒子，发生这种情况是因为它们的重要性权重可能变得微不足道。因此，这意味着有一定的小概率事件会去掉正确假设的粒子。为了避免粒子的退化问题，目前已经开发了自适应重采样技术。

（3）Cartographer

Cartographer 是谷歌推出的一套基于图优化的 SLAM 算法，该算法以栅格的形式来建立地图，并且将局部匹配直接表示成一个非线性优化问题，后端用图来优化。整个算法的设计目标是降低计算资源消耗、实时优化并且不追求高精度。这就使该算法的应用领域集中在室内服务机器人、无人机等方面，这些应用的基本特点是计算资源有限、对精度要求不高且需要实时避障。整个算法的核心代码依赖很少，因此该算法可以依赖这个优势直接应用在一些产品级的嵌入式系统上，这在众多的开源算法中还是非常少见的。该算法主要分为两个部分，第一个部分称为局部 SLAM，该部分通过一帧帧的激光扫描建立并维护一系列的子地图，而所谓的子地图就是一系列的栅格地图。当再有新的激光扫描时，会通过激光匹配的方法将其插入到子图中的最佳位置。但是子地图会产生误差累积的问题，因此，算法的第二个部分，称为全局 SLAM 的部分，通过闭环检测进一步消除累积误差。当一个子地图构建完成，也就是不会再有新的激光扫描插入到该地图时，算法会将该子地图加入到闭环检测中。

3.4.2　基于视觉的 SLAM 算法

几个比较常见的开源视觉 SLAM 方案见表 3-4，这里只选取了部分具有代表性的方案进行介绍。

表 3-4　基于视觉的 SLAM 算法

方案名称	传感器形式	地址
MonoSLAM	单目	http：//github. com/hanmekim/SceneLib2
PTMA	单目	http：//www. robots. ox. ac. uk/~gk/PTMA/
ORB-SLAM	单目/双目/RGB-D	https：//webdiis. unizar. es/~raulmur/orbslam/

（1）MonoSLAM

MonoSLAM 是第一个实时的视觉 SLAM 系统，是很多视觉 SLAM 相关工作的发源地。MonoSLAM 以扩展卡尔曼滤波为后端，追踪前端非常稀疏的特征点。在早期的 SLAM 算法研究中，EKF 占据着明显的主导地位，所以该方案就是建立在这个基础之上的，主要以相机的当前状态和所有路标点为状态量，更新其均值和协方差。在

MonoSLAM 出现之前的视觉 SLAM 系统基本是不能够在线运行的，只能依靠机器人携带相机采集数据，再离线建图，所以该方案在当时已经是里程碑式的改进。但是从现在的发展来看，MonoSLAM 存在诸如应用场景小，路标数量有限，稀疏特征点非常容易丢失的情况。

（2）PTMA（Parallel Tracking and Mapping）

PTMA 于 2007 年被提出，这也是视觉 SLAM 发展过程中的重要事件。PTMA 实现了跟踪与建图过程的并行化，跟踪部分需要实时响应图像数据，而对地图的优化则没必要实时的计算。也就意味着后端优化可以在后端进行，然后在必要的时候进行线程同步即可。这也是视觉 SLAM 中首次将前后端的概念区分出来，引领了后来许多视觉 SLAM 系统的设计。PTMA 也是第一个使用非线性优化而不是使用传统的滤波器作为后端的方案，引入了关键帧机制，SLAM 过程中没必要精细地处理每帧图像，而是把几个关键帧图像串起来，然后优化其轨迹和地图。在 PTMA 之后，视觉 SLAM 的研究逐渐向以非线性优化为主导的后端发展。不过 PTMA 也存在明显的缺陷：应用场景小，跟踪容易丢失等，这些在后续的方案中将得以修正。

（3）ORB-SLAM

ORB-SLAM 是 PTMA 众多继承者中的典型代表，它提出于 2015 年，代表着特征点 SLAM 的一个高峰。相比于之前的工作，ORB-SLAM 具有以下几条明显的优势：

- 支持单目、双目、RGB-D 三种模式，这就使得该方案的测试范围变得广泛。
- 整个系统围绕 ORB 特征进行计算，包括视觉里程计与回环检测的 ORB 字典。ORB 特征不像 SIFT（Scale-Invariant Feature Transform，尺度不变特征变换）或 SURF（Speeded Up Robust Features，加速稳健特征）那样费时，在 CPU 上即可以实时计算，相比于 Harris 角点等特征，又具有良好的旋转和缩放不变性，同时 ORB 提供的描述子可以在大范围运动时进行回环检测和重定位。
- ORB 回环检测是整个算法的一大亮点，它可以有效地降低算法运行过程中的累积误差，并且在丢失后可以迅速找回，这一点在许多现有的 SLAM 系统内部都不够完善。
- ORB-SLAM 创新式地使用了三个线程完成 SLAM：实时跟踪特征点的 Tracking 线程，局部 Bundle Adjustment 的优化线程，以及全局 Pose Graph 的回环检测和优化线程。其中，Tracking 线程负责对每幅新来的图像提取 ORB 特征点，并与最近的关键帧进行比较，计算特征点的位置并粗略地估计相机的位姿。局部优化线程负责求解更精细的相机位姿与特征点的空间位置，这两个线程只完成了一个比较好的视觉里程计。第三个线程，对全局地图的关键帧进行回环检测，消除累积误差。

3.5 本章小结

本章给出了 ROS 系统的安装步骤并介绍了一些 ROS 系统的基本操作及命令；重点介绍了 Turtlebot 机器人，对 Turtlebot 机器人进行了基础功能包的安装和测试；并分别介绍了基于激光雷达和基于视觉的两类 SLAM 开源方案。

参 考 文 献

［1］ NEIL M，RICHARD S. Linux 程序设计：原书第 4 版 ［M］. 陈健，宋健建，译 . 北京：人民邮电
出版社，2016.

［2］ 张建伟，等 . 开源机器人操作系统：ROS ［M］. 北京：科学出版社，2012.

第 4 章

激光 SLAM 技术

本章的知识:

rviz 和 Gazebo 工具的使用;激光雷达的基本概念;基于激光的 SLAM 算法在 ROS 平台上的实现。

本章的典型案例特点:

1. ROS 相关工具 rviz 和 Gazebo。
2. 基于激光的 Gmapping 算法及其在 ROS 平台下的实现。
3. 基于激光的 Hector SLAM 算法及其在 ROS 平台下的实现。
4. 基于激光的 Cartographer 算法及其在 ROS 平台下的实现。

4.1 ROS 相关工具的使用

4.1.1 rviz 和 Gazebo 的简介

rviz 是 ROS 可视化(ROS visualization)的缩写,是 ROS 中强有力的 3D 可视化工具。它使得用户能够查看模拟机器人模型、来自机器人传感器的传感器日志信息,并且重放已记录的传感器信息。通过将机器人所看到的、所想的以及所做的信息可视化,用户能够对机器人应用程序进行调试,调试内容涵盖从传感器输入到计划动作(或计划外动作)的整个过程。rviz 会把机器人的当前配置信息以虚拟机器人模型的形式进行显示。ROS 主题将基于传感器数据以"直播"的形式进行显示,这些数据可以来自摄像头、红外传感器以及激光扫描传感器,这些传感器均为机器人系统的一部分。这些传感器数据的直观显示,可以为机器人系统和控制器的开发和调试提供便利。rviz 提供了一个可配置的图形化用户接口(Graphical User Interface,GUI),使得用户能够控制 rviz 仅显示当前任务中感兴趣的信息。

Gazebo 是一个免费的开源机器人模拟环境,由 Willow Garage 开发。作为一个为机器人开发人员提供了多种功能的工具软件,Gazebo 支持以下功能:

1)机器人模型设计。
2)快速原型构建与算法测试。
3)使用真实场景进行回归测试。

4）室内/室外环境模拟。

5）传感器数据模拟，支持的传感器包括激光测距仪、2D/3D 相机、Kinect 类传感器（RGB-D 传感器）、接触式传感器和力扭矩传感器等。

6）采用面向对象的图形渲染引擎进行高级 3D 对象和环境建模。

7）多种用于进行现实世界动力建模的高性能物理学引擎。

rviz 是三维可视化工具，强调的是把已有的数据可视化显示，而 Gazebo 是三维物理仿真平台，强调的是创建一个虚拟的仿真环境。rviz 需要已有数据，它提供很多插件，这些插件可以显示图像、模型、路径等信息，但是前提是这些数据已经以话题、参数的形式发布，rviz 做的事情就是订阅这些数据，并完成可视化的渲染，让开发者更容易理解数据的意义。Gazebo 不是显示工具，强调的是仿真，不需要数据，而是创造数据。可以在 Gazebo 中创建一个机器人世界，不仅可以仿真机器人的运动功能，还可以仿真机器人的传感器数据。而这些数据就可以放到 rviz 中显示，所以使用 Gazebo 的时候，经常也会和 rviz 配合使用。当手上没有机器人硬件或实验环境难以搭建时，仿真往往是非常有用的利器。

综上，如果已经有机器人硬件平台，并且在平台可以完成需要的功能，用 rviz 就可以满足开发需求，本书主要以 rviz 为主。但是如果没有机器人硬件，或者想在仿真环境中做一些算法、应用的测试，Gazebo 配合 rviz 使用就会是一个很好的选择。

4.1.2　Gazebo 的使用

运行 Gazebo 对于用户的显卡性能有一定的要求，并且要在电脑上安装了合适的显卡驱动程序。如果读者安装的 ROS 版本为 ros-indigo-desktop-full，那么完成 ROS 安装的同时，相应版本的 Gazebo 也已经安装到了系统之中。

可以通过执行如下命令，启动 Gazebo 环境对 Gazebo 进行基本的测试：

```
$ gazebo
```

Gazebo 主界面如图 4-1 所示。

界面中央的窗口显示的是 Gazebo 的 3D 环境模型，窗口中的栅格表征了环境模型的地平面，鉴于环境的重力作用，所有的环境元素均位于地平面之上。

rviz 介绍 1

Gazebo 的主界面由四部分主要的显示区域组成：中心窗口；位于左侧的 World 和 Insert 面板；上方的 Environment 工具栏；底部的 Simulation 面板。

（1）中心窗口

中心窗口是 Gazebo 的主要显示窗口，用户可以通过此窗口查看模拟器的动画内容。在此窗口下可以建立一个用来测试机器人的仿真场景，通过添加物体库，放入垃圾箱、雪糕桶，甚至是人偶等物体来模仿现实世界，可以通过此窗口直观地查看环境的状态，实现用户与仿真环境的交互。

（2）World 和 Insert 面板

3D 环境模型显示区域左侧的 World 面板如图 4-2 所示，主要用于环境模型元素的操作，这些模型元素包括 Scene（场景）、Physics（物理学）、Models（模型）以及 Lights（光照）。通过单击这些标签，可以访问对应元素的属性列表。

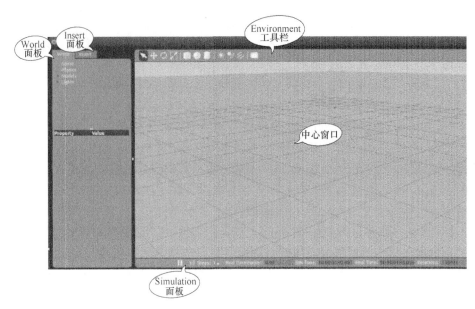

图 4-1　Gazebo 主界面

　　Scene 选项可以改变环境模型、背景以及阴影。Physics 选项负责检查物理学引擎是否正常启动。物理学引擎启动情况下，用户可以在 Physics 的 tab 页下实时控制更新率、重力以及约束条件，同时可以对其他一些属性进行调整。Models 列表将显示环境中所有处于活动的模型。单击 Models 列表下的 ground_plane 标签，将会在下方位置显示模型名称和属性、一个可以将模型定义为静态的检查框以及模型在环境中的位姿，此外还会显示模型的连接杆组件信息。

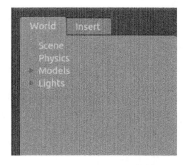

图 4-2　World 面板

Lights 元素会显示环境中所有的光源信息。对于默认环境模型，太阳是唯一光源，太阳光源的属性包括位姿、散射特性、反射特性、距离以及衰减特性。

　　Insert 面板位于 World 面板的后面。Insert 面板下，能够在环境中添加各种各样预先定义好的模型组件，选择需要使用的模型放置在主显示中。可以提前下载模型文件，放置在本地路径~/. gazebo/models 下（在主文件夹下按<Ctrl+H>快捷键可以显示隐藏文件夹）。

　　（3）Environment 工具栏

　　Environment 工具栏位于 Gazebo 环境显示区域的上方，如图 4-3 所示，主要提供以下功能：

图 4-3　Environment 工具栏

- 选择模式 ⬉：此模式下，可以在环境中通过鼠标单击选择或者拖框选择一个模型。当一个模型被选中后，模型的边缘将以白色高亮显示，World 面板将会显示出选中模型的属性。鼠标单击的位置将会出现一个黄色圆盘，并且在使用鼠标控制场景继续移动时，该点将是相应的焦点位置。

- 变换模式 ✛：此模式下，当用户在环境中通过鼠标单击选择或者拖框选择一个模型时，会以模型的几何中心为原点，显示出一个 3D 坐标系，坐标系的三个坐标轴分别为红-绿-蓝三种颜色。使用鼠标左键可以在三个坐标轴上移动模型的位置。

- 旋转模式 ◉：通过鼠标单击选择或者拖框选择一个模型时，将会在模型周围显示由三条圆弧组成的球体，圆弧的颜色分别为红-绿-蓝三种颜色，单击鼠标左键，选中三条圆弧，可以控制模型分别围绕滚转轴、俯仰轴或者偏航轴转动。

- 缩放模式 ◪：通过鼠标单击选择或者拖框选择一个模型时，会以模型的几何中心为原点，显示出一个以立方体为重点的 3D 坐标系轴，选中相应的轴，能够使用鼠标左键控制模型在相应轴向上进行缩放。

- 工具栏后面的一些图标用于在 Gazebo 中生成各类简单的形状，主要有箱形、球形以及圆柱形。单击选择相应的图标，然后可以通过单击鼠标左键的方式将其放置于 3D 环境中的任意位置，放置模型之后，可以通过缩放模式对模型在各个轴向上的大小进行调整。

- 三类光照类型图标：点光源、聚光灯光源和直射光源。

（4）Simulation 面板

Simulation 面板显示有关模拟的数据，如模拟时间及其与现实生活时间的关系。"Simulation Time"是指模拟运行时，时间在模拟器中流逝的速度。仿真可以比实时慢，也可以快，这取决于运行仿真所需的计算量。"Real Time"指的是模拟器运行时在现实生活中经过的实际时间。

Gazebo 中的世界状态在每次迭代中计算一次，可以在底部工具栏的右侧看到迭代的次数。每一次迭代都使模拟前进了固定的秒数，即步长。默认情况下，步长为 1ms。可以按下 pause 按钮来暂停模拟并使用 step 按钮一次执行几个步骤。

4.1.3　rviz 的使用

rviz 是 ros-indigo-desktop-full 版本的组成部分，安装 ros-indigo-desktop-full 版本会同时安装 rviz。如果系统尚未安装 rviz，可以使用以下命令安装：

```
$ sudo apt-get install ros-indigo-rviz
```

运行 rviz，首先启动 ROS Master，命令如下：

```
$ roscore
```

启动 rviz 需要重新打开一个终端，命令如下：

```
$ rosrun rviz rviz
```

运行后会启动如图 4-4 所示的界面。rviz 主界面划分为以下几个主要的显示区域：中心窗口、Displays 控制面板、工具栏、Views 控制面板、Time 控制面板和主窗口菜单栏。

图 4-4 rviz 主界面

gazebo
介绍 1

（1）中心窗口

rviz 主要基于轨道视图工作，轨道视图是 rviz 默认的摄像机视图。在此视图下，轨道摄像机会围绕一个焦点旋转，该焦点在 3D 世界视图下可视化为一个小的黄色原点。在轨道视图下查看 3D 世界的周围环境，可以按照下述方法使用鼠标和键盘实现。

● 鼠标左键：单击并按住左键拖动，可以围绕焦点旋转。

● 鼠标中键：单击并按住中键拖动，可以在摄像头的右上向量构成的平面里移动焦点（也可同时按下<shift>和鼠标左键调出该模式）。

● 鼠标右键：单击并按住右键拖动来对焦点进行缩小或放大，向上拖动为放大，向下拖动为缩小。

（2）Displays 控制面板

gazebo
介绍 2

Displays 面板位于左侧，rviz 用户可以通过此面板来对 3D 环境进行可视化元素的添加、移除或者重命名操作。单击 Displays 面板下方的 Add 按钮，将会出现 Add 菜单，如图 4-5 所示。菜单中显示了可以添加到环境中的可视化元素，如摄像机图片、点云、机器人状态等。选中对应的元素时，该元素将会高亮显示，同时在窗口底部显示此元素的简单描述。对于添加到环境中的元素，可以对其进行重命名，元素名不能重复。单击面板条目左侧的三角形符号，将会显示或隐藏对应条目的次级细节内容。

Displays 面板同时也包括了全局选

图 4-5 Add 菜单

项（Global Options）的设置功能，如背景颜色（Background Color）和帧频（Frame Rate）。Grid 元素下的选项能够通过改变栅格单元数量（the Number of Grid Cells）、线条宽度（Line Width）和线条颜色（Line Color）等对栅格线条进行调整。

（3）工具栏

rviz 主界面顶端的工具栏如图 4-6 所示，提供了以下功能选项。

图 4-6　工具栏

- Interact（交互）：显示了当前的交互式标记。
- Move Camera（移动摄像机，默认模式）：对应于鼠标、键盘控制的 3D 视图。
- Select（选择）：使得各项元素能够通过鼠标单击或拖动的方式勾选，被选中的元素周围将会显示出一个线框。
- Focus Camera（焦点照相机）：鼠标在 3D 视图下单击一个特定点，使之成为相机的焦点。
- 2D Pose Estimate（2D 位姿估计）：用来校准机器人初始位姿，鼠标单击地图中的位置点作为机器人的初始位置，鼠标拖动的朝向为机器人的朝向。
- 2D Nav Goal（2D 导航目标点）：用于机器人的导航，在地图中单击机器人想要到达的目标位置，并选择到达后的机器人朝向。
- Publish Point（发布点）：单击此按钮，将鼠标放置到想要获取坐标值的位置，rviz 底部显示栏中就会出现相应的坐标值。

（4）Views 控制面板和 Time 控制面板

在 Views 控制面板中有许多不同的摄像机类型，摄像机类型的不同，其控制方式及投影也不同。摄像机的类型包括：轨道摄像机（Orbital Camera）、第一人称摄像机（FPS Camera）、上下正交（Top-down Orthographic）、XY 动态观察（XY Orbit）、第三人称跟踪（Third Person Follower）等。

在模拟器中运行时，Time 面板可以查看 "ROS Time"（模拟时间）过去多少，而 "Wall Time"（真实时间）时间已过多少。Time 面板还可以重置可视化工具的内部时间状态，如果不是在模拟中运行，时间面板基本上是无用的。

（5）主窗口菜单栏

主界面最顶端的菜单栏提供了最基本的菜单操作，主要包括 File（文件）、Edit（编辑）、View（视图）、Window（窗口）和 Help（帮助）等菜单项。

4.1.4　Turtlebot 机器人在 Gazebo 中的仿真

打开新窗口的终端，输入以下命令，打开 Gazebo 仿真环境：

```
$ source ~/turtlebot/devel/setup.bash
$ roslaunch turtlebot_gazebo turtlebot_world.launch world_file:=/home/
```

使用者的用户名为

/turtlebot/src/turtlebot＿simulator/turtlebot＿gazebo/worlds/corridor. world

仿真界面如图 4-7 所示，同时可以在 Insert 中选取其他模型，放置在走廊中作为障碍物。

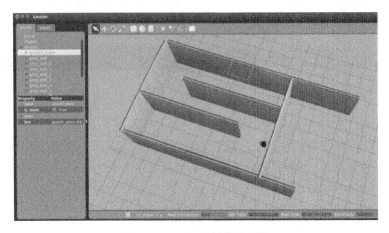

图 4-7　Gazebo 中的仿真环境

在 Gazebo 左边面板上，单击 Models 会出现模型的列表。可以使用 rosservice 命令查看底盘的位置和朝向信息，具体命令：

$ rosservice call gazebo/get＿model＿state '{model＿name：mobile＿base}'

运行命令后会得到图 4-8 类似的信息。

```
turtlebot@turtlebot-X260: ~
turtlebot@turtlebot-X260:~$ rosservice call gazebo/get_model_state '{model_name:
 mobile_base}'
pose:
  position:
    x: 1.10519080713
    y: -0.0291335151158
    z: -0.000247049038563
  orientation:
    x: 0.000376221552883
    y: -0.00720380694671
    z: -0.00102478548637
    w: 0.999973456366
twist:
  linear:
    x: 3.02301217323e-05
    y: 0.000123131684485
    z: 0.000118698467151
  angular:
    x: 0.000545808775102
    y: 0.000642449335659
    z: -0.000165632129843
success: True
status_message: GetModelState: got properties
turtlebot@turtlebot-X260:~$
```

图 4-8　机器人的位置和朝向信息

在 Gazebo 中可以使用键盘对 Turtlebot 机器人进行控制，运行以下命令：

$ roslaunch turtlebot＿teleop keyboard＿teleop. launch

运行命令后，就可以在屏幕中控制机器人的移动。

4.1.5　Turtlebot 机器人在 rviz 中的显示

rviz 需要已有数据，需要打开机器人：

\$ roslaunch turtlebot _ bringup minimal. launch

打开 rviz 查看 Turtlebot 机器人的状态，如图 4-9 所示，输入命令如下：

\$ roslaunch turtlebot _ rviz _ launchers view _ robot. launch

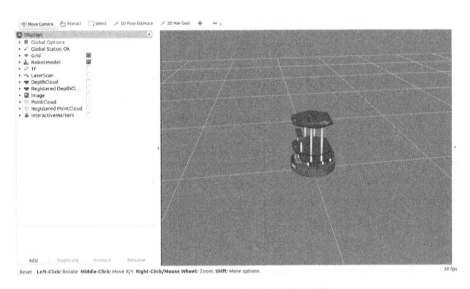

图 4-9　rviz 查看 Turtlebot 机器人状态

打开键盘控制机器人移动，rviz 中会显示机器人的移动方向。

\$ roslaunch turtlebot _ teleop keyboard _ teleop. launch

因为 rviz 的显示需要数据的输入，如果没有机器人的数据，打开 rviz 时会发现 Displays 控制面板中的话题会报错，提示哪些话题的订阅有错误，这也方便对机器人的调试。rviz 可视化工具可以与 Gazebo 仿真器搭配使用，rviz 中会订阅 Gazebo 中的话题，因此在没有很好的真实试验环境时，rviz 与 Gazebo 的配合使用也是一个很好的选择。

4.2　激光雷达传感器

4.2.1　激光雷达探测原理

激光雷达（Lidar）的探测原理类似于微波雷达（Radar），但其分辨率更高，因为激光的波长比无线电的波长大约小 10 万倍。激光雷达可以用来区分真实移动中的行人和人物海报、在三维立体空间中建模、检测静态物体和精确测距等。

激光雷达是通过发射激光束来探测目标位置、速度等特征量的雷达系统，具有测量精度高、方向性好等优点。

（1）具有极高的分辨率

激光雷达工作于光学波段，频率比微波高 2~3 个数量级以上，因此，与微波雷达相比，激光雷达具有极高的距离分辨率、角分辨率和速度分辨率。

（2）抗干扰能力强

激光波长短，可发射发散角非常小的激光束，多路径效应小（不会形成定向发射及微波或者毫米波产生的多路径效应）。

（3）获取的信息量丰富

可直接获取目标的距离、角度、反射强度、速度等信息，生成目标多维度图像。

（4）可全天时工作

激光主动探测，不依赖于外界光照条件或目标本身的辐射特性。它只需发射激光束，通过探测发射激光束的回波信号来获取目标信息。

与微波雷达的原理相似，激光雷达测距的原理是飞行时间（Time of Flight，TOF）。具体而言，就是根据激光遇到障碍物后的折返时间，计算目标与自己的相对距离。激光光束可以准确测量试场中物体轮廓边沿与设备间的相对距离，这些轮廓信息组成所谓的点云并绘制出 3D 环境地图，精度可达到厘米级别，从而提高测量精度。

激光雷达 RPLIDAR A1 是思岚科技（SLAMTEC）有限公司的产品，如图 4-10 所示。RPLIDAR A1 开发套装中包含了标准版本的 RPLIDAR 模组（A1M1-R1）。同时，模组内集成了可以使用逻辑电平（3.3V）驱动的电机控制器。开发者可以利用电机驱动器的脉冲宽度调制（Pulse Width Modulation，PWM）技术来实现对电

图 4-10　RPLIDAR A1 激光雷达

机转速的控制，从而进一步控制雷达扫描频率，在必要时刻也可关闭电机以达到节能的目的。RPLIDAR A1 作为核心传感器，能够准确测量试场中物体轮廓边沿与设备间的相对距离，可快速获得环境轮廓信息，这些轮廓信息组成所谓的点云并绘制出 3D 环境地图，可以帮助机器人实现自主构建地图、实时路径规划与自动避开障碍物的功能。该激光雷达具体参数为：高度 60mm，直径 98.5mm，重量 170g；测量半径范围 0.15~12m；扫描测距角度 360°；测量频率最大可达每秒 8000 次；扫描频率 5.5Hz。

4.2.2　基于 ROS 的激光雷达驱动安装

（1）安装

建立独立的工作空间并编译：

```
$ mkdir -p ~/turtlebot_ws/src
$ cd ~/turtlebot_ws/src
$ git clone https://github.com/ncnynl/rplidar_ros.git
```

```
$ cd ..
$ catkin _ make
```

添加工作环境：

```
$ source ~ /turtlebot _ ws/devel/setup. bash
```

（2）配置端口

插上激光雷达传感器，检查端口权限，运行后会显示 ttyUSB0：

```
$ ls –l /dev │ grep ttyUSB
```

赋予端口权限：

```
$ sudo chmod 666 /dev/ttyUSB0
```

rplidar 安装

（3）测试

运行 RPLIDAR，打开 rviz 查看，显示如图 4-11 所示的激光数据即可：

```
$ roslaunch rplidar _ ros view _ rplidar. launch
```

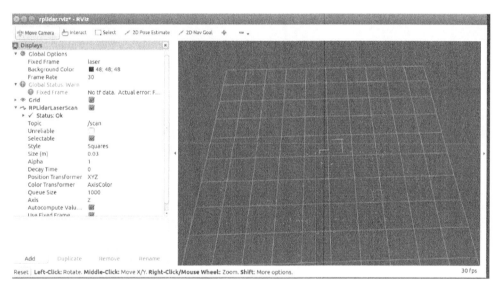

图 4-11　RPLIDAR 可视化测试

4.3　基于激光的 Gmapping 算法

4.3.1　Gmapping 背景

机器人的 SLAM 研究是一个复杂的耦合问题，给定机器人位姿，期望得到一个一致的地图，而对于一个已获取的地图，期望得到一个精确的机器人位姿估计。机器人位姿和地图估计之间的这种相互依赖性使得 SLAM 问题变得困难，并且需要在高维空间中搜索解决方案。

Murphy，Doucet 和他们的同事在 2000 年提出了用 Rao-Blackwellized 粒子滤波器（RBPF）来解决 SLAM 问题，该方法的复杂度主要由构建精确地图所需的粒子数量来决定。因此，减少粒子数量是这个算法的主要挑战之一。此外，重采样步骤可能会消除合适的粒子，所产生的这种效应也被称为粒子耗尽问题或粒子贫困化。

Grisetti G 等人在 2007 年提出了 Gmapping 算法，主要用两种改进方法来提高 RBPF 的性能，并将其应用于解决栅格地图的 SLAM 问题。一种是改进建议分布，这个不仅考虑到机器人动力学特性，同时还考虑到最近的观测；另一种是自适应重采样技术，它保持了粒子的合理多样性，并以这种方式使算法能够精确建图，同时降低粒子耗尽的风险。建议分布是通过评估扫描匹配和里程计信息而获得粒子最可能位姿周围的似然函数来计算分析，通过这种方式，最新的传感器观测结果将被纳入下一代粒子生成的考虑范围，这比仅基于里程计信息可获得更准确的模型来估计机器人的状态。使用这种精细模型，地图更加精确，并且能显著地降低估计误差，使得需要更少的粒子来表示后验估计。所提出的自适应重采样策略，仅在需要时执行重采样步骤，并以这种方式保持合理的粒子多样性，这大大降低了粒子耗尽的风险。

4.3.2 Gmapping 算法原理

Gmapping 是一种基于 Rao-Blackwellized 粒子滤波器并适用于网格地图的 SLAM 算法，也是一种有效解决同时定位和建图的算法，它将定位和建图分离，并且每一个粒子都携带一幅地图。Gmapping 算法流程图如图 4-12 所示。

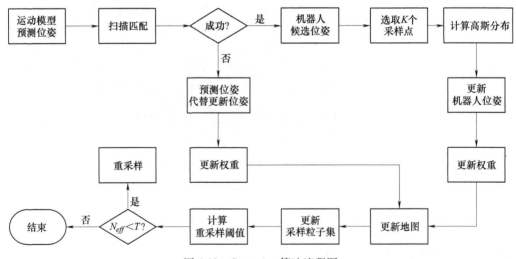

图 4-12　Gmapping 算法流程图

最常见的粒子滤波算法之一是重要性重采样（Sampling Importance Resampling，SIR）滤波器。该过程可概括为以下四个步骤：

1）采样：下一时刻粒子 $\{x_k^i\}$ 是 $\{x_{k-1}^i\}$ 通过建议分布 π 中采样得到的，通常，概率里程计运动模型被用作建议分布。

2）重要性权重：根据重要性采样原则分配给每个粒子单独的权重 ω_k^i：

$$\omega_k^i = \frac{p(x_{1:k}^i \mid z_{1:k}, u_{1:k})}{\pi(x_{1:k}^i \mid z_{1:k}, u_{1:k})} \tag{4-1}$$

建议分布 $\pi(x_{1:k}^i \mid z_{1:k}, u_{1:k})$ 一般不等于目标分布 $p(x_{1:k}^i \mid z_{1:k}, u_{1:k})$。

3）重采样：粒子的替换与其重要性权重成正比，主要由于用有限数量的粒子来近似连续分布。重新采样后，所有粒子的权重都相同。

4）地图估计：对于每个粒子，相应的地图估计 $p(m^i \mid x_{1:k}^i, z_{1:k})$ 是基于该样本的机器人轨迹 $x_{1:k}^i$ 和观测历史 $z_{1:k}$ 来计算得到的。

上述方法步骤的实现需要有新的观测来评估机器人粒子轨迹权重。由于机器人轨迹的长度随着时间的推移不断增加，将导致计算效率低下。因此可以通过限制 $\pi(x_{1:k}^i \mid z_{1:k}, u_{1:k})$ 来满足以下假设，得到了计算重要性权重的递推公式

$$\pi(x_{1:k} \mid z_{1:k}, u_{1:k}) = \pi(x_k \mid x_{1:k-1}, z_{1:k}, u_{1:k}) \pi(x_{1:k-1} \mid z_{1:k-1}, u_{1:k-1}) \tag{4-2}$$

结合式（4-1）和式（4-2）可以计算粒子权重

$$\begin{aligned}
\omega_k^i &= \frac{p(x_{1:k}^i \mid z_{1:k}, u_{1:k})}{\pi(x_{1:k}^i \mid z_{1:k}, u_{1:k})} \\
&= \frac{\eta p(z_k \mid x_{1:k}^i, z_{1:k-1}) p(x_k^i \mid x_{k-1}^i, u_k)}{\pi(x_k^i \mid x_{1:k-1}^i, z_{1:k}, u_{1:k})} \frac{p(x_{1:k-1}^i \mid z_{1:k-1}, u_{1:k-1})}{\pi(x_{1:k-1}^i \mid z_{1:k-1}, u_{1:k-1})} \\
&\propto \frac{p(z_k \mid m_{k-1}^i, x_k^i) p(x_k^i \mid x_{k-1}^i, u_k)}{\pi(x_k^i \mid x_{1:k-1}^i, z_{1:k}, u_{1:k})} \omega_{k-1}^i
\end{aligned} \tag{4-3}$$

其中，n 是根据贝叶斯规则得出的归一化因子，对于所有粒子都是相等的，$\eta = 1/p(z_k \mid z_{1:k-1}, u_{1:k})$。建议分布越接近目标分布，滤波器的性能越好。

典型的粒子滤波应用是使用里程计运动模型作为建议分布，这种运动模型的优点在于易于计算。根据观测模型 $p(z_k \mid m, x_k)$ 计算重要权重，用运动模型 $p(x_k \mid x_{k-1}, u_k)$ 代替式（4-3）中的 $\pi(x_k^i \mid x_{1:k-1}^i, z_{1:k}, u_{1:k})$：

$$\omega_k^i \propto \omega_{k-1}^i \frac{p(z_k \mid m_{k-1}^i, x_k^i) p(x_k^i \mid x_{k-1}^i, u_k)}{p(x_k^i \mid x_{k-1}^i, u_k)} = \omega_{k-1}^i p(z_k \mid m_{k-1}^i, x_k^i) \tag{4-4}$$

当传感器信息明显比基于里程计的机器人运动估计更精确时，这种建议分布是次优的。如图 4-13 所示，当观测似然函数 $p(z_k \mid m, x_k)$ 的有意义区域远远小于运动模型 $p(x_k \mid x_{k-1}, u_k)$ 的有意义区域时，若使用里程计模型作为建议分布，单个样本的重要性权重可能会显著不同，这是由于在观测模型下只有一小部分采样的样本覆盖了具有高似然函数的状态空间区域 ［图中区域 $L(i)$］，而一个合适的建议分布，它应该有足够的样本分布在这个高似然函数对应的区域。

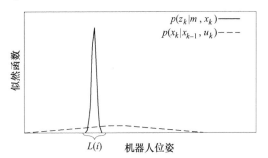

图 4-13　运动模型的两个组成部分

为了克服这个问题，可以在生成下一代样本时考虑最新的观测值 z_k。通过将 z_k 整合到建议分布中，可以将采样集中在观测似然函数有意义的区域，替换 $p(x_k \mid x_{k-1}^i, u_k)$

$$p(x_k \mid x_{k-1}^i, u_k) \rightarrow p(x_k \mid m_{k-1}^i, x_{k-1}^i, z_k, u_k) \tag{4-5}$$

使用该建议分布，权重的计算变成

$$\omega_k^i = \omega_{k-1}^i \frac{\eta p(z_k \mid m_{k-1}^i, x_k^i) p(x_k^i \mid x_{k-1}^i, u_k)}{p(x_k \mid m_{k-1}^i, x_{k-1}^i, z_k, u_k)}$$

$$\propto \omega_{k-1}^i \frac{p(z_k \mid m_{k-1}^i, x_k^i) p(x_k^i \mid x_{k-1}^i, u_k)}{\dfrac{p(z_k \mid m_{k-1}^i, x_k) p(x_k \mid x_{k-1}^i, u_k)}{p(z_k \mid m_{k-1}^i, x_{k-1}^i, u_k)}}$$

$$\propto \omega_{k-1}^i p(z_k \mid m_{k-1}^i, x_{k-1}^i, u_k) \tag{4-6}$$

在大多数情况下，目标分布的最大值有限，而且大多数情况下只有一个最大值。这就能够将采样 x_j 覆盖在这些最大值的区域，从而忽略分布中不太有意义的区域，节省大量的计算资源。近似区间 L^i 由下式确定

$$L^i = \{ x \mid p(z_k \mid m_{k-1}^i, x) > \varepsilon \} \tag{4-7}$$

式中，ε 为阈值。与以往方法的主要区别在于，Gmapping 首先使用扫描匹配器来确定观测似然函数的有意义区域，然后在有意义的区域进行采样，并根据目标分布评估采样点。对于每个粒子 i，在间隔 L^i 中通过采样 K 个 $\{x_j\}$ 来确定各自的均值 μ^i 和方差 P^i

$$\mu_k^i = \frac{1}{\eta^i} \sum_{j=1}^K x_j p(z_k \mid m_{k-1}^i, x_j) p(x_j \mid x_{k-1}^i, u_k) \tag{4-8}$$

$$P_k^i = \frac{1}{\eta^i} \sum_{j=1}^K p(z_k \mid m_{k-1}^i, x_j) p(x_j \mid x_{k-1}^i, u_k)(x_j - \mu_k^i)(x_j - \mu_k^i)^{\mathrm{T}} \tag{4-9}$$

$$\eta^i = \sum_{j=1}^K p(z_k \mid m_{k-1}^i, x_j) p(x_j \mid x_{k-1}^i, u_k) \tag{4-10}$$

基于上述参数估计，可以得到最优建议分布的封闭解近似表达，这使得粒子的采样非常高效，使用此建议分布，权重可以计算为

$$\omega_k^i = \omega_{k-1}^i p(z_k \mid m_{k-1}^i, x_{k-1}^i, u_k)$$

$$= \omega_{k-1}^i \int p(z_k \mid m_{k-1}^i, x') p(x' \mid x_{k-1}^i, u_k) \mathrm{d}x'$$

$$\simeq \omega_{k-1}^i \sum_{j=1}^K p(z_k \mid m_{k-1}^i, x_j) p(x_j \mid x_{k-1}^i, u_k)$$

$$= \omega_{k-1}^i \eta^i \tag{4-11}$$

另一个对粒子滤波器性能有重大影响的是重采样步骤。在重采样期间，重要性权重 ω^i 较低的粒子通常会被具有较高权重的粒子所取代。一方面，重采样是必要的，因为用来近似目标分布的粒子有限。但另一方面，重采样步骤会从滤波器中去除好的粒子，从而导致粒子贫化。因此，找到一个度量来判断何时执行重采样步骤是很重要的。Gmapping 算法使用的度量标准为

$$N_{eff} = \frac{1}{\sum_{i=1}^N (\tilde{\omega}^i)^2} \tag{4-12}$$

式中，$\tilde{\omega}^i$ 为粒子 i 的归一化权重。如果从目标分布中抽取样本，根据重要性抽样原则，粒子的重要性权重是相等的。目标分布的近似性越差，重要性权重的方差就越大。N_{eff} 可以看作是重要性权重分散的程度，因此，可以用来评估粒子集对目标后验点的逼近程度。当 N_{eff} 低于 $N/2$ 的阈值时，执行重采样步骤，其中 N 是粒子数。

当每个粒子获得最新的控制输入 u_k 和观测值 z_k 时，分别为每个粒子计算建议分布，然后更新粒子。Gmapping 算法的实现步骤如下：

1）第 i 个粒子在 k 时刻的预测位姿可以由 $k-1$ 时刻的位姿 x_{k-1}^i 和控制输入 u_k 通过运动模型得出，即 $x_{k|k-1}^i = g(x_{k-1}^i, u_k)$。

2）机器人基于地图 m_{k-1}^i，从预测的位姿 $x_{k|k-1}^i$ 处执行扫描匹配算法。扫描匹配执行的搜索区域被限定在 $x_{k|k-1}^i$ 附近的一个有限区域内。如果扫描匹配失败，则根据运动模型计算位姿和权重［忽略步骤 3）和 4）］。

3）通过扫描匹配器在位姿 $\hat{x}_k^i$ 周围选取一组采样点，其中 $\hat{x}_k^i$ 是扫描匹配器通过将当前观测值与已构建的地图进行匹配，找到最有可能的位姿。基于这些点，通过逐点评估采样位姿 x_j 中的目标分布 $p(z_k \mid m_{k-1}^i, x_j)p(x_j \mid x_{k-1}^i, u_k)$ 来计算建议的平均值和协方差矩阵。在此阶段，还根据式（4-10）计算加权系数 η^i。

4）根据改进的建议分布得出粒子 i 的新位姿 x_k^i，位姿 x_k^i 服从高斯分布的形式 $N(\mu_k^i, P_k^i)$，μ_k^i 和 P_k^i 为其均值和协方差。

5）根据式（4-11）更新粒子权重。

6）根据机器人位姿 x_k^i 和最新观测 z_k，更新粒子 i 的地图 m_k^i。

7）得到新粒子样本后，根据阈值 N_{eff} 执行重采样步骤。

4.3.3　Gmapping 功能包的安装

Gmapping 能订阅机器人的深度信息、IMU 信息和里程计信息，同时完成一些必要参数的配置，即可以创建并输出基于概率的二维栅格地图。下面是 Gmapping 功能包安装配置，进入工作空间下载相关的功能包：

```
$ cd ~/turtlebot_ws/src
$ git clone https://github.com/turtlebot/turtlebot_apps.git
$ git clone https://github.com/turtlebot/turtlebot_interactions.git
$ cd ~/turtlebot_ws
$ catkin_make
$ source ~/turtlebot_ws/devel/setup.bash
```

gmapping
安装 1

制作雷达驱动启动文件：

```
$ roscd turtlebot_navigation
$ mkdir -p laser/driver
```

gmapping
安装 2

在新建的文件夹中新建 rplidar_laser.launch 文件，也可以手动进入 ~/turtlebot_ws/src/turtlebot_apps/turtlebot_navigation/laser 文件夹下进行创建。

输入以下内容：

```
<launch>
    <node name="rplidarNode">      pkg="rplidar_ros"    type="rplidarNode" output="screen">
    <param name="serial_port"      type="string" vlaue="/dev/rplidar"/>
    <param name="serial_baudrate"> type="int"    value="115200"/>
    <param name="frame_id"         type="string"  value="laser"/>
    <param name="inverted"         type="bool"  value="false"/>
    <param name="angle_compensate" type="bool"    value="true"/>
    </node>
    <node pkg="tf" type="static_transform_publisher" name="base_to_laser" args="0.0 0.0 0.18
3.14 0.0 0.0 base_link laser 100"/>
</launch>
```

其中 args="0.0 0.0 0.18 3.14 0.0 0.0 base_link laser 100" 表示雷达相对于机器人主干的安装位置。这里假设底盘的中心点为0，雷达放在机器人托盘中心位置。前三项分别为 x、y、z 三轴坐标，单位为米（m）。后三项是绕三轴旋转的角度，单位为弧度（rad），范围在 -3.14~3.14rad 之间。可根据雷达安装的实际位置，进行修改。

检查 turtlebot_navigation 包，增加 rplidar_gmapping_demo.launch 文件，用于启动 Gmapping。

```
$ roscd turtlebot_navigation
$ touch launch/rplidar_gmapping_demo.launch
```

打开 rplidar_gmapping_demo.launch 文件，输入内容：

```
<launch>
    <! --Define laser type-->
    <arg name="laser_type" default="rplidar"/>

    <! -- laser driver -->
    <include file="$(find turtlebot_navigation)/laser/driver/$(arg laser_type)_laser.launch"/>

    <! --Gmapping -->
    <arg name="custom_gmapping_launch_file" default="$(find turtlebot_navigation)/launch/
includes/gmapping/$(arg laser_type)_gmapping.launch.xml"/>
    <include file="$(arg custom_gmapping_launch_file)"/>

    <! --Move base -->
    <include file=$(find turtlebot_navigation)/launch/includes/move_base.launch.xml"/>

    <! --rviz-->
    <include file="$(find turtlebot_rviz_launchers)/launch/view_navigation.launch"/>

</launch>
```

增加 rplidar_gmapping.launch.xml 文件，执行 Gmapping 建图：

```
$ roscd turtlebot_navigation
$ touch launch/includes/gmapping/rplidar_gmapping.launch.xml
```

打开 rplidar_gmapping.launch.xml 文件，输入内容：

```xml
<launch>
    <arg name="scan_topic" default="scan"/>
    <arg name="base_frame" default="base_footprint"/>
    <arg name="odom_frame" default="odom"/>

    <node pkg="gmapping" type="slam_gmapping" name="slam_gmapping" output="screen">
        <param name="base_frame" value="$(arg base_frame)"/>
        <param name="odom_frame" value=$(arg odom frame)"/>
        <param name="map_update_interval" value="0.01"/>
        <param name="maxUrange" value="4.0"/>
        <param name="maxRange" value="5.0"/>
        <param name="sigma" value="0.05"/>
        <param name="kernelsize" value="3"/>
        <param name="lstep" value="0.05"/>
        <param name="astep" value="0.05"/>
        <param name="iterations" value="5"/>
        <param name="lsigma" value="0.075"/>
        <param name="ogain" value="3.0"/>
        <param name="lskip" value="0"/>
        <param name="minimumscore" value="30"/>
        <param name="srr" value="0.01"/>
        <param name="srt" value="0.02"/>
        <param name="str" value="0.01"/>
        <param name="stt" value="0.02"/>
        <param name="linearUpdate" value="0.05"/>
        <param name="angularUpdate" value="0.0436"/>
        <param name="temporalUpdate" value="-1.0"/>
        <param name="resampleThreshold" value="0.5"/>
        <param name="particles" value="8"/>
    <!--
        <param name="xmin" value="-50.0"/>
        <param name="ymin" value="-50.0"/>
        <param name="xmax" value="50.0"/>
        <param name="ymax" value="50.0"/>
    make the starting size small for the benefit of the Android client's memory... -->

    <!--
        <param name="xmin" value="-50.0"/>
        <param name="ymin" value="-50.0"/>
        <param name="xmax" value="50.0"/>
        <param name="ymax" value="50.0"/>
    make the starting size small for the benefit of the Android client's memory... -->
        <param name="xmin" value="-1.0"/>
        <param name="ymin" value="-1.0"/>
```

```
        <param name = " xmax"  value = "1. 0"/>
        <param name = " ymax"  value = "1. 0"/>

        <param name = " delta"  value = "0. 05"/>
        <param name = " llsamplerange"  value = "0. 01"/>
        <param name = " llsamplestep"  value = "0. 01"/>
        <param name = " lasamplerange"  value = "0. 005"/>
        <param name> = " lasamplestep"  value = "0. 005"/>
        <remap from = " scan" to = " $( arg scan_topic)/" >
    </node>
</launch>
```

至此，基于 RPLIDAR 激光雷达的 Gmapping 算法功能包的配置基本完成。

4.3.4　Gmapping 算法在 Turtlebot 上的实现

Gmapping 算法的源码地址为 https：//github. com/OpenSLAM-org/openslam _ gmapping。Gmapping 重点是扫描匹配和粒子滤波，没有回环估计，下面介绍 Gmapping 的几个主要功能模块。

1. 运动模型

k 时刻粒子的初始位姿由运动模型进行更新。

- drawFromMotion

作用：在初始值的基础上增加高斯采样的 noisypoint，解决了里程计运动模型的问题。p 表示粒子的 $k-1$ 时刻的位姿；$pnew$ 表示当前 k 时刻的里程计读数；$pold$ 表示 $k-1$ 时刻的里程计读数。

2. 扫描匹配

扫描匹配的思路是基于运动模型预测的位姿，通过在各个方向进行移动预测，计算每个状态下的匹配得分，取最高得分对应的位姿为最优位姿。

（1）scanMatch

作用：通过扫描匹配的方法来选取粒子。其步骤如下：

1）激光数据以 plainReading 的封装形式加入到函数当中，由此采样出新的位姿。

2）利用 optimize 函数返回了 bestScore，同时计算新位姿。

3）通过 likelihoodAndSocre 计算粒子的权重。

（2）optimize

作用：在初始位姿的基础上，通过移动，计算匹配得分找出最优位姿。其步骤如下：

1）通过 score 函数计算位姿得分（得分表示在该位姿下激光束和地图的匹配程度）。

2）在 x、y、thelta 方向上，按照预先设定的步长不断移动粒子的位置。

3）根据得分来判断准确度，将得分最高的位姿作为最优位姿。

（3）score

作用：针对每个粒子对应的位姿，结合实时激光点云和地图，计算匹配的分值。其步骤如下：

1）将激光雷达数据与粒子数据结合在一起计算出障碍物的坐标 phit，把 phit 转化成地图坐标 iphit。

2）沿着激光束的方向，设与障碍物相邻的非障碍物的坐标为 pfree，将 pfree 转换成地图坐标 ipfree。

3）在 iphit 及其附近 8 个栅格 ipfree 中，搜索最有可能是障碍物的栅格。

（4）likelihoodAndScore

作用：函数返回了 l 的数值用于计算粒子的权重。其方法步骤与 score 基本一致。

3. 粒子滤波

在扫描匹配中完成了对粒子权重的更新，此时各个粒子轨迹的累计权重都需要重新计算，因此需要对粒子权重进行更新和重采样。

（1）updateTreeWeights

作用：在重采样之前进行一次权重计算。其步骤如下：

1）normalize 归一化粒子权重，并计算权重相似度 N_{eff}，用于判定是否需要进行重采样。

2）resetTree 重置轨迹树：遍历了所有的粒子，并沿着各个粒子的节点向上追溯到根节点，并将遍历过程中各个节点的权重计数和访问计数器都设置为 0。

3）propagateWeights 新轨迹树权重：从叶子节点向上追溯到根节点，更新沿途经过的各个节点的权重和累积权重。

（2）resample

作用：通过设定阈值，当粒子权重变化超过阈值时执行重采样，减少了重采样的次数，缓解频繁重采样导致粒子退化的问题。其步骤如下：

1）备份原始粒子状态信息。

2）判断是否小于阈值 N_{eff}，小于则开始重采样。如不进行重采样，则直接进行粒子的地图更新。

gmapping

建图

3）进行重采样，记录需要保留粒子的下标和需要删除粒子的下标。

4）为保留的粒子增加新节点，删除需要删除的粒子。

5）对保留下来的每个粒子进行地图更新。

以上简单介绍了 Gmapping 的几个重要模块，下面开始介绍在 Turtlebot 机器人上的建图部分，首先启动 Turtlebot 机器人：

```
$ roslaunch turtlebot _ bringup minimal. launch
```

启动 Gmapping，构建地图：

```
$ roslaunch turtlebot _ navigation rplidar _ gmapping _ demo. launch
```

以上终端命令运行后会启动 rviz，可以在显示界面看到机器人建图的过程，如图 4-14 所示，显亮区域为已探测区域，黑色区域为障碍物，中间黑色圆盘是机器人当前位姿。

接下来启动键盘控制 Turtlebot，进行建图：

```
$ roslaunch turtlebot _ teleop keyboard _ teleop. launch
```

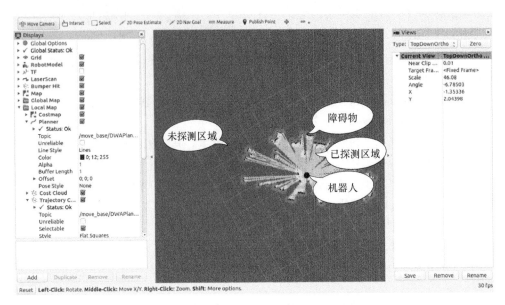

图 4-14　Gmapping SLAM 启动后的状态显示

　　如图 4-15 所示是 Turtlebot 机器人在房间进行基于激光雷达的 Gmapping SLAM 全过程。图 4-15a 是建图的真实场地，图 4-15b~d 是 Gmapping 的建图过程。在建图过程中，如果机器人发生偏移，Gmapping 会根据传感器信息自动纠正机器人位置。

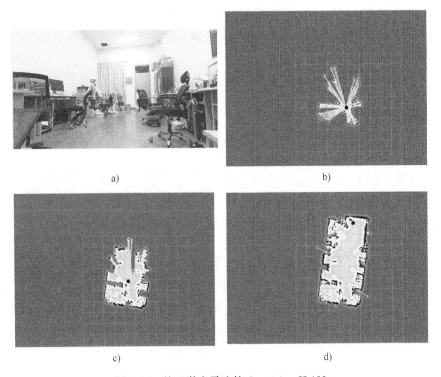

图 4-15　基于激光雷达的 Gmapping SLAM

a）真实场地　b）建图时刻一　c）建图时刻二　d）建图时刻三

完成建图后，保存地图，供后续使用，命令如下：

```
$ mkdir -p ~/map
$ rosrun map _ server map _ saver -f ~/map/gmapping(可自定义名称)
```

地图会保存在新建的 map 文件夹中，其中不仅包含一个 gmapping. pgm 地图数据文件，还包含一个 gmapping. yaml 文件。gmapping. pgm 地图数据文件可以使用 GIMP 等软件进行编辑。gmapping. yaml 是一个关于地图配置的文件，其中包含关联的地图数据文件、地图分辨率、起始位置、地图数据的阈值等配置参数。打开 gmapping. pgm 文件可以查看建图完成的效果，如图 4-16 所示。

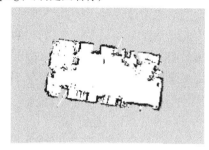

图 4-16　基于激光雷达的
Gmapping SLAM 结果

4.4　基于激光的 Hector SLAM 算法

4.4.1　Hector SLAM 背景

作为室内场景 SLAM 问题的典型解决方案，Gmapping 算法的精度往往要取决于里程计的精确度。由于该算法不能很好地利用现代激光雷达系统的高更新速率，所以它在平面上的 SLAM 效果比较好。在非结构化环境中，机器人会出现显著横摇和纵摇运动，或在空中平台上实施使用时，这种系统并不适用。

Hector SLAM 使用一种快速在线学习的占用栅格地图系统，它是结合了激光雷达系统和基于惯性传感的三维姿态估计系统的鲁棒扫描匹配方法。通过使用快速近似的地图梯度和多分辨率栅格，实现了可靠的定位和建图。Hector SLAM 功能包使用高斯牛顿方法，不需要里程计数据，只根据激光信息便可构建地图。由于该方法消耗计算资源少，可以用于低重量、低功率和低成本的处理器，例如，通常用于小规模自治系统的处理器。Hector SLAM 也适用于小规模场景中不要求闭合的场景，并且可以充分利用现代激光雷达系统的高更新速率，辅助实现地形崎岖的搜救任务。Hector SLAM 使用 ROS 元操作系统作为中间件，并且可以作为开源软件使用。由于留有 ROS 导航堆栈的应用编程接口，因此可以很容易与 ROS 生态系统中可用的其他 SLAM 方法互换。

SLAM 一般分为前端和后端系统。SLAM 前端用于实时在线估计机器人运动，后端用于对位姿图进行优化。前端快速扫描匹配步骤用于位姿估计，而较慢的后端建图步骤在后台或远程计算机上运行。Stefan Kohlbrecher 等人提出的 Hector SLAM 方法主要关注前端系统，没有提供相应的位姿图优化，主要是由于这种优化在真实环境下建图并不需要。

4.4.2 Hector SLAM 算法原理

Hector SLAM 系统需要用到 6 自由度运动的平台，这不同于其他 2D 网格 SLAM 算法所假设的 3 自由度运动，因此系统必须估计由平台的平移和旋转组成的全 6 自由度状态。为此，该系统由两个主要组件组成，如图 4-17 所示，导航滤波器子系统融合来自惯性测量单元和其他可用传感器的信息，形成一致的 3D 解决方案，而 2D SLAM 子系统用于提供地平面内的位姿和航向信息。

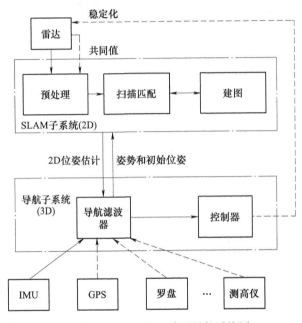

图 4-17　Hector SLAM 建图导航系统图

Hector SLAM 将导航坐标系定义为一个右手坐标系，原点在机器人的起点，z 轴朝上，x 轴指向机器人启动时的偏航方向。全 3D 状态用 $x = \begin{bmatrix} \boldsymbol{\Omega}^T & \boldsymbol{p}^T & \boldsymbol{v}^T \end{bmatrix}^T$ 表示，其中 $\boldsymbol{\Omega} = \begin{bmatrix} \phi & \theta & \psi \end{bmatrix}^T$ 表示滚转、俯仰和偏航欧拉角，$\boldsymbol{p} = \begin{bmatrix} p_x & p_y & p_z \end{bmatrix}^T$ 和 $\boldsymbol{v} = \begin{bmatrix} v_x & v_y & v_z \end{bmatrix}^T$ 表示机器人在导航框架中的位置和速度。惯性测量值构成输入矢量 $\boldsymbol{u} = \begin{bmatrix} \boldsymbol{\omega}^T & \boldsymbol{a}^T \end{bmatrix}^T$，其中角速度 $\boldsymbol{\omega} = \begin{bmatrix} \omega_x & \omega_y & \omega_z \end{bmatrix}^T$、加速度 $\boldsymbol{a} = \begin{bmatrix} a_x & a_y & a_y \end{bmatrix}^T$，任意刚体的运动用非线性微分方程组描述

$$\dot{\boldsymbol{\Omega}} = E_\Omega \boldsymbol{\omega} \tag{4-13}$$

$$\dot{\boldsymbol{P}} = \boldsymbol{v} \tag{4-14}$$

$$\dot{\boldsymbol{v}} = R_\Omega \boldsymbol{a} + g \tag{4-15}$$

式中，R_Ω 是方向余弦矩阵，它将主体帧中的向量映射到导航帧；E_Ω 是将角速度映射到欧拉角的导数；g 是重力加速度，当使用低成本传感器时，由于地球自转而产生的影响通常忽略不计。

在 2D SLAM 中，为了能够表示任意环境，Hector SLAM 使用占用栅格地图，这种方法在使用激光雷达定位移动机器人的真实环境中很有效。由于激光雷达平台可能会

出现 6 自由度的运动，因此需要利用激光雷达系统的
估计高度将扫描转换为局部稳定的坐标帧。使用估计
平台方位和关键值，将扫描转换为扫描末端的点云。
根据场景不同，可以对该点云进行预处理，如减少点
的数量或删除异常值。

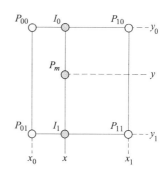

占用栅格地图的离散特性限制了地图表达精度，
也不允许直接计算插值或导数。给定一个连续的地图
坐标 P_m，占用值 $M(P_m)$ 以及梯度 $\nabla M(P_m) =$
$\left(\dfrac{\partial M}{\partial x}(P_m), \dfrac{\partial M}{\partial y}(P_m) \right)$ 用 4 个近邻点来近似，如图 4-18
所示。

图 4-18　占用栅格地图
的双线性滤波

$$M(P_m) \approx \frac{y - y_0}{y_1 - y_0}\left(\frac{x - x_0}{x_1 - x_0}M(P_{11}) + \frac{x_1 - x}{x_1 - x_0}M(P_{01}) \right)$$
$$+ \frac{y_1 - y}{y_1 - y_0}\left(\frac{x - x_0}{x_1 - x_0}M(P_{10}) + \frac{x_1 - x}{x_1 - x_0}M(P_{00}) \right) \tag{4-16}$$

导数可以近似为

$$\frac{\partial M}{\partial x}(P_m) \approx \frac{y - y_0}{y_1 - y_0}\left(M(P_{11}) - M(P_{01}) \right) + \frac{y_1 - y}{y_1 - y_0}\left(M(P_{10}) - M(P_{00}) \right) \tag{4-17}$$

$$\frac{\partial M}{\partial y}(P_m) \approx \frac{x - x_0}{x_1 - x_0}\left(M(P_{11}) - M(P_{10}) \right) + \frac{x_1 - x}{x_1 - x_0}\left(M(P_{01}) - M(P_{00}) \right) \tag{4-18}$$

扫描匹配是将激光扫描相互对齐或与现有地图对齐的过程，由于目前多数激光扫
描仪具有低测量噪声和高扫描率的特点，对于许多机器人系统来说，激光扫描仪的精
度远远高于里程表数据。Hector SLAM 实质上是一个将扫描末端点与已知地图对准优
化的方法，其基本思路是使用高斯-牛顿法。使用这种方法，不需要在激光扫描末端
点之间进行数据关联搜索或穷举搜索。当扫描与现有地图对齐时，这就意味着当前的
匹配也是与前面所有的扫描相匹配了。通过解最小二乘函数 ξ^*，使得激光扫描与地
图有最佳的对齐

$$\xi^* = \underset{\xi}{\arg\min} \sum_{i=1}^{n} \left(1 - M(S_i(\xi)) \right)^2 \tag{4-19}$$

式中，$\xi = \begin{bmatrix} \xi_x & \xi_y & \xi_\theta \end{bmatrix}^{\mathrm{T}}$ 代表机器人的位姿向量；S_i 代表 i 号激光束在机器人姿态向量
ξ 下扫描点 $s_i = \begin{bmatrix} s_{i,x} & s_{i,y} \end{bmatrix}^{\mathrm{T}}$ 的世界坐标向量，其坐标变化为

$$S_i(\xi) = \begin{bmatrix} \cos\xi_\theta & -\sin\xi_\theta \\ \sin\xi_\theta & \cos\xi_\theta \end{bmatrix} \begin{bmatrix} s_{i,x} \\ s_{i,y} \end{bmatrix} + \begin{bmatrix} \xi_x \\ \xi_y \end{bmatrix} \tag{4-20}$$

$M(S_i(\xi))$ 表示返回坐标为 $S_i(\xi)$ 的地图值。给定一个起始估计 ξ，可以根据优
化测量误差来实现对 $\Delta\xi$ 的估计

$$\sum_{i=1}^{n} \left(1 - M((S_i(\xi + \Delta\xi)) \right)^2 \to 0 \tag{4-21}$$

对 $M(S_i(\xi + \Delta\xi))$ 做一阶泰勒展开得

$$\sum_{i=1}^{n} \left(1 - M(S_i(\boldsymbol{\xi})) - \nabla M(S_i(\boldsymbol{\xi})) \frac{\partial S_i(\boldsymbol{\xi})}{\partial \boldsymbol{\xi}} \Delta \boldsymbol{\xi} \right)^2 \rightarrow 0 \tag{4-22}$$

对上式求偏导并设置为 0，可得上述最小化问题的高斯牛顿方程

$$\Delta \boldsymbol{\xi} = H^{-1} \sum_{i=1}^{n} \left[\nabla M(S_i(\boldsymbol{\xi})) \frac{\partial S_i(\boldsymbol{\xi})}{\partial \boldsymbol{\xi}} \right]^{\mathrm{T}} \left(1 - M(S_i(\boldsymbol{\xi})) \right) \tag{4-23}$$

其中

$$H = \left[\nabla M(S_i(\boldsymbol{\xi})) \frac{\partial S_i(\boldsymbol{\xi})}{\partial \boldsymbol{\xi}} \right]^{\mathrm{T}} \left[\nabla M(S_i(\boldsymbol{\xi})) \frac{\partial S_i(\boldsymbol{\xi})}{\partial \boldsymbol{\xi}} \right] \tag{4-24}$$

对地图梯度 $\nabla M(S_i(\boldsymbol{\xi}))$ 的近似可以通过式（4-17）、式（4-18）计算。$\frac{\partial S_i(\boldsymbol{\xi})}{\partial \boldsymbol{\xi}}$ 的计算通过式（4-20）得到

$$\frac{\partial S_i(\boldsymbol{\xi})}{\partial \boldsymbol{\xi}} = \begin{bmatrix} 1 & 0 & -\sin\xi_\theta s_{i,x} & -\cos\xi_\theta s_{i,y} \\ 0 & 1 & \cos\xi_\theta s_{i,x} & -\sin\xi_\theta s_{i,y} \end{bmatrix} \tag{4-25}$$

用 $\nabla M(S_i(\boldsymbol{\xi}))$ 和 $\frac{\partial S_i(\boldsymbol{\xi})}{\partial \boldsymbol{\xi}}$ 可以解出式（4-23）高斯—牛顿方程，得到一个 $\Delta\boldsymbol{\xi}$ 接近最小值。由于上述采用非光滑线性逼近地图梯度 $\nabla M(S_i(\boldsymbol{\xi}))$，这意味着局部二次收敛到最小不能保证，但是该算法在实际使用中精度足够。

在许多实际应用中，匹配不确定性通常采用高斯近似方法。一种方法是使用基于采样的协方差估计，对接近扫描匹配位姿的不同姿态估计进行采样，并根据这些估计构建协方差。第二种方法是使用近似的 Hessian 矩阵来得到协方差估计，协方差矩阵近似为

$$\boldsymbol{R} = Var\{\boldsymbol{\xi}\} = \sigma^2 \boldsymbol{H}^{-1} \tag{4-26}$$

式中，σ 是取决于激光扫描设备特性的比例因子。

为了估计平台的 6D 位姿，Hector SLAM 使用扩展卡尔曼滤波器（EKF）。此外，将陀螺仪和加速度计的偏差增维至状态向量中，主要是由于这些值随时间变化，并对估计的结果影响大。由于矩阵 $\boldsymbol{E}_\Omega$ 和 $\boldsymbol{R}_\Omega$ 中的欧拉角项，系统方程是非线性的，因此必须使用非线性滤波器，同时惯性测量作为已知的系统输入。

为了获得最佳性能，2D SLAM 解和 3D EKF 估计之间信息双向交换，但系统不同步，EKF 通常以较高的更新速率运行。为了提高扫描匹配过程的性能，EKF 的位姿估计被投影到 $x-y$ 平面上，并被用作扫描匹配器的优化过程的初始估计，也可以对估计的速度和角速度进行积分，以提供扫描匹配初始估计。

在扫描时的卡尔曼估计可以用均值 $\hat{x}$ 和协方差 P 来表示，位姿估计 (ξ^*, R) 直接用式（4-19）和式（4-26），于是融合结果由下式给出

$$(P^+)^{-1} = (1 - \omega) \cdot P^{-1} + \omega \cdot \boldsymbol{C}^{\mathrm{T}} R^{-1} \boldsymbol{C} \tag{4-27}$$

$$\hat{x}^+ = P^+ \left((1 - \omega) \cdot P^{-1} \hat{x} + \omega \cdot \boldsymbol{C}^{\mathrm{T}} R^{-1} \xi^* \right)^{-1} \tag{4-28}$$

观测器矩阵 $\boldsymbol{C}$ 将整个状态空间投影到 SLAM 系统的三维子空间中，参数 $\omega \in (0, 1)$ 用来调整 SLAM 更新的效果。于是，进一步有

$$P^+ = P - (1 - \omega)^{-1} \cdot KCP \tag{4-29}$$

$$\hat{x}^+ = \hat{x} + K(\xi^* - C\hat{x}) \tag{4-30}$$

其中

$$K = PC^{\mathrm{T}} \left(\frac{1-\omega}{\omega} \cdot R + C^T PC \right)^{-1} \tag{4-31}$$

4.4.3 Hector SLAM 功能包的安装

Hector SLAM 的核心节点是 hector_mapping，它订阅 "/scan" 话题以获得 SLAM 所需的激光数据。与 Gmapping 相同的是，hector_mapping 节点也会发布 map 话题，提供构建完成的地图信息；不同的是，hector_mapping 节点还会发布 slam_out_pose 和 poseupdate 这两个话题，提供当前估计的机器人位姿。

在 ROS 的软件源中已经集成了 Hector SLAM 相关的功能包，可以使用如下命令安装：

```
$ sudo apt-get install ros-indigo-hector-slam
```

激光雷达 RPLIDAR 的驱动文件在 Gmapping 中已经安装，如未安装参考 Gmapping 中的安装过程。下面制作 Hector SLAM 的启动文件，进入 turtlebot_navigation 包中，新建 rplidar_hector_mapping_demo.launch 文件用于启动 Hector SLAM 命令如下：

```
$ roscd turtlebot_navigation
$ touch launch/rplidar_hector_mapping_demo.launch
```

hectorslam
安装

打开 rplidar_hector_mapping_demo.launch 文件，输入内容：

```
<launch>
  <! -- Define laser type-->
  <arg name="laser_type" default="rplidar"/>

  <! --laser driver -->
  <include file="$(find turtlebot_navigation)/laser/driver/$(arg laser_type)_laser.launch"/>

  <! -- Gmapping -->
  <arg name="custom_gmapping_launch_file" default=$(find turtlebot_navigation)/launch/includes/
hector_mapping/$(arg laser_type)_hector_mapping.launch.xml"/>
  <include file="$(arg custom_hector_launch_file)"/>

  <! --Move base -->
  <include file="$(find turtlebot_navigation)/launch/includes/move_base.launch.xml"/>

  <! --rviz -->
  <include file=$(find turtlebot_rviz_launchers)/launch/view_navigation.launch"/>
```

增加 rplidar_hector_mapping.launch.xml 文件：

```
$ roscd   turtlebot_navigation
$ mkdir launch/includes/hector_mapping
$ touch launch/includes/hector_mapping/rplidar_hector_mapping.launch.xml
```

打开 rplidar _ hector _ mapping. launch. xml 文件，输入内容：

```
<launch>
<node pkg="hector_mapping" type="hector_mapping" name="hector_mapping" output="screen">
<! --Frame names -->
<param name="pub_map_odom_transform" value="true"/>
<param name="map_frame" value="map"/>
<param name="scan_topic" value="scan"/>
<param name="base_frame" value=base_footprint"/>
<param name="odom_frame" value="odom"/>

<! --Tf use -->
<param name="use_tf_scan_transformation" value="true"/>
<param name="use_tf_pose_start_setimate" value="false"/>

<! --Map size/start point -->
<param name="map_resolution" value="0. 05"/>
<param name="map_size" value="2048"/>
<param name="map_start_x" value="0. 5"/>
<param name="map_start_y" value="0. 5"/>
<param name="laser_z_min_value" value="-1. 0"/>
<param name="laser_z_max_value" value="1. 0"/>
<param name>="map_multi_res_levels" value="2"/>

<param name="map_pub_period" value="2"/>
<param name="laser_min_dist" value="0. 4"/>
<param name="laser_max_dist" value="5. 5"/>
<param name="output_timing" value="false"/>
<param name="pub_map_scanmatch_transform" value="true"/>
<! --<param name="tf_map_scanmatch_transform_frame_name" value="scanmatcher_frame"/>-->

<! --Map update parameters-->
<param name="update_factor_free" value="0. 4"/>
<param name="update_factor_occupide" value="0. 7"/>
<param name="map_update_distance_thresh" value="0. 2"/>
<param name="map_update_angle_thresh" value="0. 06"/>

<! --Advertising config -->
<param name="advertise_map_service" value="true"/>
<param name="scan_subscriber_queue_size" value="5"/>
</node>

</launch>
```

至此，基于 RPLIDAR 激光雷达的 Hector SLAM 算法功能包的配置基本完成。

4.4.4　Hector SLAM 算法在 Turtlebot 上的实现

Hector SLAM 算法的源码地址为 https：//github. com/tu-darmstadt-ros-pkg/hector _ slam。Hector SLAM 开源系统的主要代码在 hector _ mapping 文件夹中，文件夹里还包括 src 文件夹和 include 文件夹，包含了算法所有的核心代码，下面简单介绍几个重要模块。

1. 扫描匹配

扫描匹配使用当前帧与已有地图数据构建误差函数，并用高斯—牛顿法得到最优解和偏差量。其工作是实现激光点到栅格地图的转换，当 k 时刻所有的激光点都能变换到栅格地图中，也就意味着匹配成功。

（1）matchData

作用：使用非线性优化高斯—牛顿法获得最优匹配。其步骤如下：

1）当雷达数据不为空时，beginEstimateMap 函数将世界坐标系下的坐标换算成栅格地图坐标。

2）利用 estimateTransformationLogLh 函数计算 Hessian 矩阵（简称 H 矩阵），并估计 k 时刻机器人的位姿。

3）进行多次迭代计算，以达到更优的结果。

（2）estimateTransformationLogLh

作用：matchData 的子函数，用于非线性最小二乘的计算，该函数在迭代计算中被循环调用。其步骤如下：

1）利用 getCompleteHessianDerivs 函数计算 H 矩阵。

2）判断增量非 0，避免无用计算。计算优化方程的解，即式（4-23）中的解。

3）更新姿态的估计。

（3）getCompleteHessianDerivs

作用：在函数 estimateTransformationLogLh 中被调用，用来计算 H 矩阵。其步骤如下：

1）利用函数 transform 计算出二维转换矩阵。转换矩阵作用是将机器人坐标系下的 endpoint 变换到统一的地图坐标系下。

2）对一帧激光中的每个数据点进行处理。从 scan 中取出每一个点，利用函数 interpMapValueWithDerivatives 通过双线性插值计算栅格概率。

3）更新位移增量。

4）计算旋转误差，更新角度增量。

5）更新 H 矩阵。

（4）interpMapValueWithDerivatives

作用：在函数 getCompleteHessianDerivs 中被调用，双线性插值计算栅格概率。其步骤如下：

1）检查 coords 坐标是否在地图坐标范围内，对坐标进行向下取整。

2）获取双线性插值的因子。

3）获取当前实数坐标点相邻的 4 个栅格坐标，并获取该栅格的占用概率。

4）根据式（4-16）~式（4-18）进行双线性插值。

2. 地图构建

Hector SLAM 系统构建了一个多分辨率的地图，默认是三层，在每一层上进行的操作类似。

（1）updateByScan

作用：使用给定的扫描数据和机器人位姿更新地图。其步骤如下：

1）将世界坐标中的位姿转换为地图坐标中的位姿。

2）获得一个2D均匀变换矩阵，左乘机器人坐标向量得到该向量的世界坐标。

3）获取地图坐标中所有激光束的起点，对于所有激光束而言，地图坐标相同且存储在 dataContainer 的机器人坐标中。

4）获取激光束起始点的整数向量（向上取整），获取当前扫描中的有效光束数。

5）迭代计算所有有效激光束，得到当前激光束末端点的地图坐标。使用 bresenham 变体更新地图，在地图坐标中绘制从光束开始到光束末端点的直线。

6）设置相关变量，表示地图已经更新，并增加更新索引。

（2）updateLineBresenhami

作用：设置画线的起点与终点。其步骤如下：

1）检查光束起点和终点是否在地图内，如果不在就取消画线。

2）使用函数 bresenham2D 进行 bresenham 画线。

3）将终点单独拿出来，设置占用。

Hector SLAM 与 Gmapping 最大的不同是不需要订阅里程"计/odom"消息，而是直接使用激光估算里程计信息。因此，当机器人速度较快时会发生打滑的现象，导致建图效果出现偏差。降低机器人的速度或使用高性能的激光雷达，可以改善建图效果。

下面开始 Hector SLAM 在 Turtlebot 机器人上的建图部分，启动 Turtlebot 机器人：

hectorslam
建图

$ roslaunch turtlebot _ bringup minimal. launch

启动 Hector SLAM，构建地图：

$ roslaunch turtlebot _ navigation rplidar _ hector _ mapping _ demo. launch

以上终端命令运行后会启动 rviz，可以在显示界面看到机器人建图的过程，如图4-19所示。

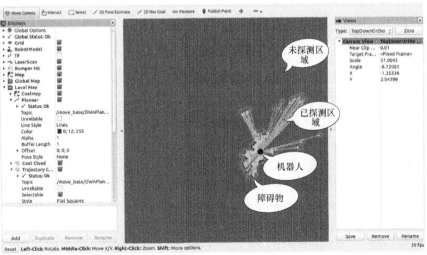

图 4-19　Hector SLAM 启动后的状态显示

接下来启动键盘控制 Turtlebot 进行建图：

$ roslaunch turtlebot _ teleop keyboard _ teleop. launch

如图 4-20 所示是 Turtlebot 机器人在房间进行基于激光雷达的 Hector SLAM 全过程。图 4-20a 是建图的真实场地，图 4-20b~d 是 Hector SLAM 的建图过程。

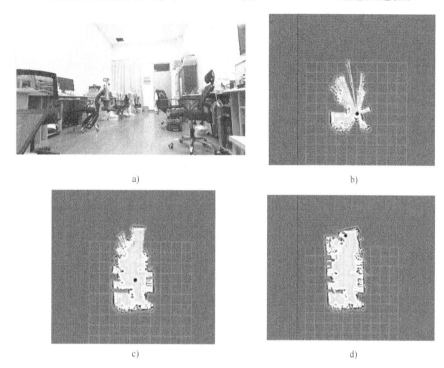

a)

b)

c)

d)

图 4-20　基于激光雷达的 Hector SLAM 过程

a）真实场地　b）建图时刻一　c）建图时刻二　d）建图时刻三

完成建图后，保存地图，供后续使用：

$ rosrun map _ server map _ saver -f ~/map/ hector _ mapping（可自定义名称）

地图会保存在新建的 map 文件夹中，其中不仅包含一个 hector _ mapping. pgm 地图数据文件，还包含一个 hector _ mapping. yaml 文件。打开 hector _ mapping. pgm 文件可以查看建图完成的效果，如图 4-21 所示。

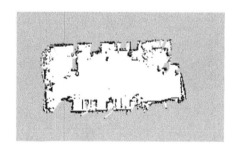

图 4-21　基于激光雷达的 Hector SLAM 结果

4.5　基于激光的 Cartographer 算法

4.5.1　Cartographer 背景

在基于激光的 SLAM 方法中，扫描—扫描匹配（Scan-to-scan Matching）经常用于计算相对姿态变化。然而，扫描—扫描匹配本身会很快积累误差。扫描—地图匹配（Scan-to-map Matching）有助于限制这种误差积累，可使用高斯—牛顿方法在线性插值图上寻找局部最优解。当高精度频率激光雷达提供良好的位姿初始估计时，局部优化的扫描——地图匹配是有效的、鲁棒的。

像素精度的扫描匹配方法，可以进一步减少局部误差积累。尽管这种方法计算成本高，但它有助于实现闭环检测。解决剩余局部误差累积的两种常见方法是粒子滤波和基于图形的 SLAM。粒子滤波器中的每个粒子都保存完整的系统状态，对于栅格 SLAM，随着地图增加，所需要的计算资源也增加。基于图形的 SLAM 方法主要研究的是表示位姿和特征的节点集合，地图中的边是由观测生成的约束来定义，可以使用各种优化方法来最小化由所有约束引入的误差。

Cartographer 是谷歌推出的一套基于图优化的 SLAM 算法。Cartographer 的设计目的是在计算资源有限的情况下，实时获取精度相对较高的 2D 地图。考虑到基于模拟策略的粒子滤波方法在较大环境下对内存和计算资源的需求较高，Cartographer 采用基于图的优化方法。目前 Cartographer 主要基于激光雷达来实现 SLAM，谷歌希望通过后续的开发及社区的贡献支持更多的传感器和机器人平台，同时不断增加新的功能。

4.5.2 Cartographer 算法原理

Cartographer 是一个实时的室内建图算法，能生成分辨率 $r=5cm$ 的栅格地图。在前端将最新的激光雷达扫描数据在相邻的子图上（整个地图的一小块）完成扫描匹配，得到一个在短时间内准确的最佳插入位置（位姿）后，将扫描插入到子图中。扫描匹配中，位姿估计的误差会在整个地图中随时间逐渐累积，在后端中，通过回环检测加约束进行优化，消除误差。图 4-22 为 Cartographer 算法框架图，整个框架分为数据源、局部 SLAM 以及全局 SLAM。

Cartographer 系统将独立的局部和全局方法综合来实现二维的定位与地图构建。这两种方法都强调优化位姿向量 $\boldsymbol{\xi} = \begin{bmatrix} \xi_x & \xi_y & \xi_\theta \end{bmatrix}^T$，并通过雷达的观测或扫描的平移 (x, y) 和旋转 δ_θ 来实现。在局部方法中，每个连续的扫描都与世界坐标系上的一小块区域（称为子图 M）进行匹配，使用非线性优化将扫描与子图对齐，此过程被称为扫描匹配。扫描匹配过程会产生误差的累积，这可以通过后面的全局优化过程予以消除。

子图的构建就是将扫描结果不断与子图的坐标系对齐的迭代过程。将扫描原点设为 $0, 0 \in \mathbb{R}^2$，雷达扫描点记为 $\{h_k\}_{k=1, \cdots, K}$，$h_k \in \mathbb{R}^2$。变换矩阵 $\boldsymbol{T}_\xi$ 表示的是位姿向量 $\boldsymbol{\xi}$ 位于扫描帧中的位置转换到子图帧中的位置，于是，对于一个雷达扫描点 p_ξ，转换到子图帧中可以用下式表示

$$\boldsymbol{T}_\xi p_\xi = \begin{bmatrix} \cos\xi_\theta & -\sin\xi_\theta \\ \sin\xi_\theta & \cos\xi_\theta \end{bmatrix} p_\xi + \begin{bmatrix} \xi_x \\ \xi_y \end{bmatrix} \tag{4-32}$$

连续帧扫描可以用来构建一个子图，这些子图采用概率网格 $M: r\mathbb{Z} \times r\mathbb{Z} \rightarrow [p_{\min}, p_{\max}]$ 的形式，r 是网格地图的分辨率，如图 4-23 所示。

网格点所对应计算的 M 值代表存在障碍物的概率。对于每个网格点定义相应的像素，它是由离网格点最近的所有点组成的。每一个像素是尺寸为 $r \times r$ 的方格，它代表

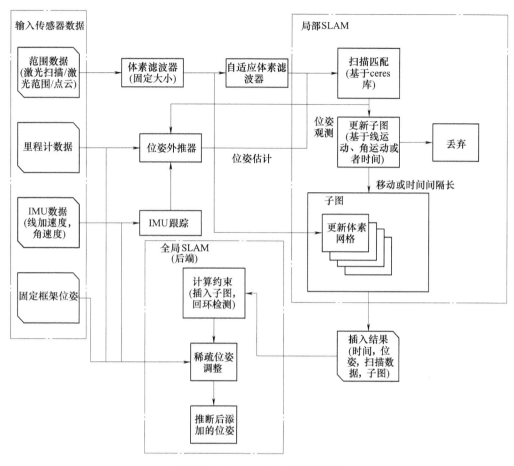

图 4-22   Cartographer 算法框架图

对应 $r \times r$ 范围内的所有点，扫描数据点是实数，概率网格的尺寸是整数。

　　每当扫描要插入到概率网格地图时，都要确定命中（hits）的点和未命中（misses）的点集。命中就是网格里有雷达数据点，未命中就是没雷达数据点。如图 4-24 所示，每一个 hit 的点（阴影且画 × 的），对应的最近邻格子点加入到命中点集合；

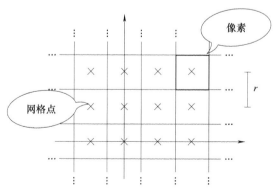

图 4-23   网格点和相关像素

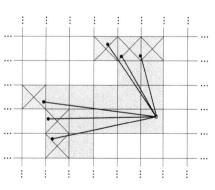

图 4-24   与 hit 和 miss 相关的扫描和像素

每一个 Miss 的点（阴影），雷达原点到扫描点中间的格子点全部加到未命中点集合，如果这个点已经在命中点集中则排除。

每个还未观测到的网格，可以自定义赋值为一个 p_{miss} 或者 p_{hit} 值（一般用 0.5，即不知道这个网格有没有被占用）。已经观测到的网格，它的概率 odds 更新为

$$odds(p) = \frac{p}{1 - p} \tag{4-33}$$

每个网格的命中概率更新公式为

$$M_{new}(x) = clamp(odds^{-1}(odds(M_{old}(x)) \cdot odds(p_{hit}))) \tag{4-34}$$

式中，$clamp(\cdot)$ 可以将数值限制在 $[p_{\min}, p_{\max}]$ 区间，$odds^{-1}$ 是 $odds$ 的反函数。未命中概率的更新公式是将上式中的 p_{hit} 替换成 p_{miss}，计算方法一样。

一帧扫描插入子图之前，首先要对这帧扫描的位姿进行优化。Cartographer 使用的是基于 Ceres 库的扫描匹配。扫描匹配的目标就是寻找一个最优位姿，这个位姿能让扫描中的点最大概率地匹配到子图上。该优化问题可以描述成一个非线性最小二乘问题

$$\underset{\xi}{argmin} \sum_{k=1}^{K} (1 - M_{smooth}(\boldsymbol{T}_{\xi} h_k))^2 \tag{4-35}$$

式中，变换矩阵 $\boldsymbol{T}_{\xi}$ 能把所有的扫描点 h_k 从扫描坐标系下变换到子图坐标系下。函数 M_{smooth} 实现 $\mathbb{R}^2 \to \mathbb{R}$，使点变为子图中概率值的平滑形式，$M_{smooth}$ 函数用的是双三次差值函数。

这种平滑函数的数学优化精度通常要高于栅格的分辨率。由于这是一个局部优化，因此需要良好的初始估计。一个能够测量角速度的惯性测量单元（Inertial Measurement Unit，IMU）可以用来估计扫描匹配之间位姿的旋转分量 θ，从而提供 $\boldsymbol{T}_{\xi}$ 初值。在没有 IMU 的情况下，提高扫描匹配的频率或者提高像素的分辨率也能有很好的结果，但计算量会大些。

由于扫描仅与子图中的最近一批扫描进行匹配，因此会有累计误差。累计误差不可避免，但解决累计误差十分必要。Cartographer 的方法是优化所有扫描和子图的位姿，采用稀疏姿态调整策略（Sparse Pose Adjustment，SPA）。扫描插入时的相对位姿存储在内存中，用于闭环优化。除了这些相对位姿外，一旦子图不再更改，其他的由扫描和子图组成的对将被用作环路闭合检测。

与扫描匹配一样，环路闭合优化也可描述为一个非线性最小二乘问题，每间隔几秒，就用 Ceres 库来计算出一个解

$$\underset{\Xi^m, \Xi^s}{argmin} \frac{1}{2} \sum_{ij} \rho(E^2(\xi_i^m, \xi_j^s; \boldsymbol{P}_{ij}, \boldsymbol{\xi}_{ij})) \tag{4-36}$$

其中，在给定的约束条件下，对子图的位姿 $\Xi^m = \{\xi_i^m\}_{i=1, \cdots, m}$ 和扫描的位姿 $\Xi^s = \{\xi_j^s\}_{j=1, \cdots, n}$ 进行优化。这些约束条件采用相对位姿 $\boldsymbol{\xi}_{ij}$ 和相关协方差矩阵 $\boldsymbol{P}_{ij}$ 的形式表示。位姿 $\boldsymbol{\xi}_{ij}$ 代表扫描 j 在子图 i 下的位姿，$\boldsymbol{P}_{ij}$ 为其协方差。对于这样的约束条件下，残差 E 的计算

$$E^2(\xi_i^m, \xi_j^s; \boldsymbol{P}_{ij}, \boldsymbol{\xi}_{ij}) = e(\xi_i^m, \xi_j^s; \boldsymbol{\xi}_{ij})^{\mathrm{T}} \boldsymbol{P}_{ij}^{-1} e(\xi_i^m, \xi_j^s; \boldsymbol{\xi}_{ij}) \tag{4-37}$$

$$e(\xi_i^m, \xi_j^s; \boldsymbol{\xi}_{ij}) = \boldsymbol{\xi}_{ij} - \begin{bmatrix} R_{\xi_i^m}^{-1}(t_{\xi_i^m} - t_{\xi_j^s}) \\ \xi_{i;\theta}^m - \xi_{j;\theta}^s \end{bmatrix} \tag{4-38}$$

式中，$\xi_{i;\theta}^m - \xi_{j;\theta}^s$ 是旋转角度分量；$R_{\xi_i^m}^{-1}(t_{\xi_i^m} - t_{\xi_j^s})$ 是坐标平移分量。

当扫描匹配将不正确的约束添加到优化问题时，损失函数 ρ（如 Huber Loss）可以用于减少异常值的影响。使用基于分支定界（Branch-and-Bound）扫描匹配方法，得到精确到像素级的最优位姿 ξ^* 估计，核心公式如下

$$\xi^* = \underset{\xi \in W}{\mathrm{argmax}} \sum_{k=1}^{K} M_{nearest}(T_\xi h_k) \tag{4-39}$$

式中，W 是位姿 ξ 的搜索窗口，$M_{nearest}$ 表示通过其参数四舍五入到最近的网格点，并把网格点的值扩展到对应的像素点，这样将 M 值拓展到 $\mathbb{R}^2$ 空间所有范围。

在搜索窗口较大情况下，Cartographer 使用分支定界法，可以大幅度提高计算 ξ^* 的效率。分支定界法是求解整数规划问题的最常用算法，这种方法不但可以求解纯整数规划，还可以求解混合整数规划问题。分支定界法采用搜索与迭代的方法，选择不同的分支变量和子问题进行分支。通常，将多个约束条件，拆分成多层，顶层约束条件较少，下层逐渐增加约束条件，最后一层即支节点为最终结果，这种把全部可行解空间反复地分割为越来越小的子集，称为分支；并且对每个子集内的解集计算一个目标的界，这称为定界。在每次分支后，凡是界限超出已知可行解集目标值的那些子集不再进一步分支，这样，许多子集可不予考虑，这称为剪枝。分支定界算法始终围绕着一颗搜索树进行，将原问题看作搜索树的根节点，从这里出发，分支的含义就是将大的问题分割成小的问题。大问题可以看成是搜索树的父节点，从大问题分割出来的小问题就是父节点的子节点，分支的过程就是不断给树增加子节点的过程。叶子结点是没有子结点的结点，每个叶子节点代表一个可行解。而定界是在分支的过程中检查子问题的上下界，如果子问题不能产生一个比当前最优解还要优的解，那么砍掉这一支。直到所有子问题都不能产生一个更优的解时，算法结束。图 4-25 展示了分支定界算法的基本步骤。

4.5.3 Cartographer 功能包的安装

安装可以参考官方教程：https：//google-cartographer-ros. readthedocs. io/en/latest/。安装 Cartographer 功能包，首先需要安装 3 个软件包：ceres solver、cartographer 和 cartographer _ ros。为了管理方便，建立 carto 目录来存放 ceres solver 和 cartographer，命令如下：

$ mkdir -p ~/carto

1）安装相关依赖包：

$ sudo apt-get install-y google-mock libboost-all-dev libeigen3-dev libgflags-dev libgoogle-glog-dev liblua5. 2-dev libprotobuf-dev libsuitesparse-dev libwebp-dev ninja-build protobuf-compiler python-sphinx ros-indigo-tf2-eigen libatlas-base-dev libsuitesparse-dev liblapack-dev

2）首先安装 ceres solver，选择的版本是 1. 11：

cartographer
安装1

cartographer
安装2

cartographer
安装3

```
1：输入：一组初始节点 C₀

2：输出：最优解 和 最佳得分

3：最佳得分 ← -∞

4：C ← C₀

5：while  C ≠ φ  do

6：从集合中选择一个节点 c∈C 并将其从集合中删除

7： if  c 是叶子节点  then:                //此节点是叶子节点

8：   if  c 的得分 > 最优得分 then

9：     最优解 ← c 的解              //更新解

10：     最佳得分 ← c 的得分          //更新得分

11：   end if

12： else                            //此节点是非叶子节点

13：   if  c 的得分 > 最佳得分 then

14：     分支：将 c 分支为 C_c.        //将此节点分支

15：     C ← C∪C_c                   //其子节点加入初始集合

16：   else

17：     定界                        //此节点及所有子节点不再计算

18：   end if

19： end if

20：end while

21：return 最优解 和 最佳得分
```

图4-25 分支定界算法基本步骤

```
$ cd ~/carto
$ git clone https://github.com/hitcm/ceres-solver-1.11.0.git
$ cd ceres-solver-1.11.0
$ mkdir build
$ cd build
$ cmake ..
$ make
$ sudo make install
```

cartographer
安装4

3）安装 cartographer：

```
$ cd ~/carto
$ git clone https://github.com/hitcm/cartographer.git
$ cd cartographer
$ mkdir build
$ cd build
$ cmake .. -G Ninja
$ ninja
$ ninja test
$ sudo ninja install
```

cartographer
安装5

4）安装 cartographer _ ros 到 turtlebot _ ws 下面的 src 文件夹下：

```
$ cd turtlebot _ ws/src
$ git clone https：//github. com/hitcm/cartographer _ ros. git
```

5）然后到 turtlebot _ ws 下面编译：

```
$ cd ~/turtlebot _ ws
$ catkin _ make
```

6）新包加入环境：

```
$ source ~/. bashrc
$ rospack profile
```

7）数据下载测试，进入链接下载并保存到 carto 目录下：

https://storage. googleapis. com/cartographer-public-data/bags/backpack _ 2d/cartographer _ paper _ deutsches _ museum. bag

8）运行 launch 文件，得到如图 4-26 所示的测试结果。

```
$ roslaunch cartographer _ ros demo _ backpack _ 2d. launch bag _ filename：= ~/carto/cartographer _ paper _ deutsches _ museum. bag
```

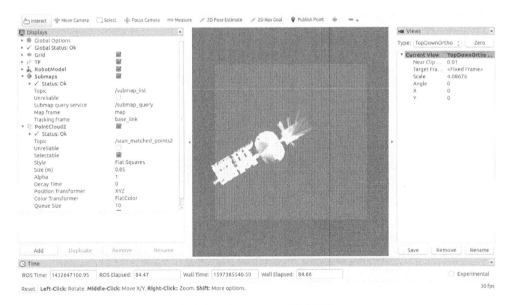

图 4-26　Cartographer 测试结果

进行 SLAM 定位和建图的过程中，如果只是查看建图效果或者没有实时要求，那么使用 bag 包和激光雷达没有区别。但若对实际未知环境进行实时建图，此时就需要使用激光雷达。

创建三个文件，首先进入到 ~/turtlebot _ ws/src/cartographer _ ros/cartographer _ ros/launch 目录下，新建 backpack _ rplidar. launch 文件。

```
<launch>
    <param name="robot_description"
        textfile="$(find cartographer_ros)/urdf/backpack_2d.urdf"/>

    <node name="robot_state_publisher" pkg="robot_state_publisher"
        type="robot_state_publisher"/>

    <node name="cartographer_node" pkg="cartographer_ros"
        type="cartographer_node" args="
            -configuration_directory $(find cartographer_ros)/configuration_files
            -configuration_basename backpack_2d_rplidar.lua"
        output="screen">
        <remap from="echoes" to="horizontal_laser_2d"/>
    </node>
</launch>
```

进入到 ~/turtlebot_ws/src/cartographer_ros/cartographer_ros/canfiguration_files
目录下，新建 backpack_2d_rplidar.lua 文件。

```
include "map_builder.lua"
options = {
    map_builder = MAP_BUILDER,
    map_frame = "map",
    tracking_frame = "base_link",
    published_frame = "base_link",
    odom_frame = "odom",
    provide_odom_frame = true,
    use_odometry_data = false,
    use_constant_odometry_variance = false,
    constant_odometry_translational_variance = 0.,
    constant_odometry_rotational_variance = 0.,
    use_horizontal_laser = true,
    use_horizontal_multi_echo_laser = false,
    horizontal_laser_min_range = 0.3,
    horizontal_laser_max_range = 8.,
    horizontal_laser_missing_echo_ray_length = 0.,
    num_lasers_3d = 0,
    lookup_transform_timeout_sec = 0.2,
    submap_publish_period_sec = 0.3,
    pose_publish_period_sec = 5e-3,
}
MAP_BUILDER.use_trajectory_builder_2d = true
TRAJECTORY_BUILDER_2D.use_imu_data = false
TRAJECTORY_BUILDER_2D.use_online_correlative_scan_matching = true
```

SPARSE_POSE_GRAPH. optimization_problem. huber_scale = 1e2

return options

这里主要包含了机器人上使用到的传感器信息，以及扫描的距离信息等，可以根据实际情况进行配置。

最后，进入到 ~/turtlebot _ ws/src/cartographer _ ros/cartographer _ ros/launch 目录下，新建 demo _ rplidar _ 2d. launch 文件。

```
<launch>
    <param name="/use_sim_time" value="false"/><! --不用模拟时间-->
    <node name="cartographer_node" pkg="cartographer_ros"
      type="cartographer_node" args="
          -configuration_directory$(find cartographer_ros)/configuration_files
          -configuration_basename backpack_2d_rplidar. lua"
        output="screen">
      <! --<remap from="scan" to="horizontal_laser_2d"/>-->
    </node>
    <node name="cartographer_occupancy_grid_node" pkg="cartographer_ros"
        type="cartographer_occupancy_grid_node" args="-resolution 0. 02"/>
    <node name="rviz" pkg="rviz" type="rviz" required="true"
            args="-d $(find cartographer_ros)/configuration_files/demo_2d. rviz"/>
</launch>
```

修改完成后需要进行编译：

```
$ cd ~/turtlebot _ ws
$ catkin _ make
$ source devel /setup. bash
```

至此，基于 RPLIDAR 激光雷达的 Cartographer 算法功能包的配置基本完成。

4.5.4 Cartographer 算法在 Turtlebot 上的实现

Google 开源的代码包含两个部分：cartographer 和 cartographer _ ros。其中 cartographer 和 cartographer _ ros 源码的链接网址为 https：//github. com/hitcm/cartographer；https：//github. com/hitcm/cartographer _ ros。cartographer 主要负责处理来自雷达、IMU 和里程计的数据，并基于这些数据进行地图的构建，是 cartographer 理论的底层实现。cartographer _ ros 则基于 ros 的通信机制获取传感器的数据，并将它们转换成 cartographer 中定义的格式传递给 cartographer 处理，与此同时也将 cartographer 的处理结果进行发布。

cartographer 代码结构如下：

- common：定义了基本数据结构以及一些工具的使用接口。
- sensor：定义了雷达数据及点云等相关的数据结构。
- transform：定义了位姿的数据结构及其相关的转换。
- kalman _ filter：主要通过卡尔曼滤波器完成对 IMU、里程计及基于雷达数据的估计位姿的融合，进而估计激光扫描（laser scan）的位姿。

• mapping：定义了上层应用的调用接口以及局部子图构建和基于闭环检测的位姿优化等接口。

• mapping_2d 和 mapping_3d：对 mapping 接口的不同实现。

下面对 mapping_2d 代码中的几个模块进行简要介绍。

1. common

（1）port. h

Port. h 主要实现两大功能：

1）使用 std：：lround 对浮点数进行四舍五入取整运算。

2）利用 boost 的 iostreams/filter/gzip 对字符串压缩与解压缩。

（2）time. h

Time. h 主要功能是提供时间转换函数：

1）FromSeconds（ ）函数将秒数转为 duration 实例对象。

2）ToSeconds（ ）函数将 duration 实例对象转为秒数。

3）ToUniversal（ ）函数将 time_point 对象转为 TUC 时间。

（3）fixed_ratio_sampler. h

该文件定义了 FixedRatioSampler 类。FixedRatioSampler 是频率固定的采样器类，目的是从数据流中均匀地按照固定频率采样数据，提供两个成员函数：

1）Pulse（ ）函数产生一个事件 pulses，并且如果计入采样 samples，返回 true。

2）Debug String（ ）函数以 string 形式输出采样率。

（4）rate_timer. h

定义了 Rate Timer 脉冲频率计数类，作用是计算在一段时间内的脉冲率。

1）Compute Rate（ ）函数返回事件脉冲率，单位 Hz。

2）Compute Wall Time Rate Ratio（ ）函数返回真实时间与钟表显示时间的比率。

3）内部类 Event 封装了某个事件发生的时间点。

4）调用一次 Pulse（ ）函数即产生了一次事件。

（5）blocking_queue. h

BlockingQueue 类是线程安全的阻塞队列。

1）构造函数 BlockingQueue（ ）用于初始化队列大小，kInfiniteQueueSize = 0 默认不限制容量。

2）Push（ ）函数用于添加元素，容量不够时，阻塞等待。

3）Pop（ ）函数用于删除元素，没有元素时，阻塞等待。

4）Peek（ ）用于返回下一个应该弹出的元素。

5）PushWithTimeout（ ）函数用于添加元素，若超时则返回 false。

6）PopWithTimeout（ ）函数用于删除元素，若超时则返回 false。

2. transform

（1）rigid_transform. h

rigid_transform. h 主要定义了 Rigid2 和 Rigid3，并封装了 2D 变换和 3D 变换的相关函数。

1）Rigid2 封装了 2D 平面网格的旋转和平移操作，方便使用 2D 变换。

2）Rigid3 是三维网格变换，使用 Eigen 的四元数对网格进行 3D 变换。

（2）transform. h

Transform. h 封装了多个关于 3D 变换的函数，包括：

1）获取旋转角度值。

2）根据四元数获取旋转矩阵。

3）绕 angle-axis 旋转，返回四元数。

4）将三维变换到二维。

5）将二维变换为三维。

3. sensor

（1）point _ cloud. h

点云数据是指在一个三维坐标系统中的一组向量的集合。point _ cloud. h 主要定义了跟点云相关的处理操作。包括 4 个函数：

1）TransformPointCloud （ ），根据三维网格参数转换点云。

2）PointCloud Crop （ ），去掉 z 轴区域外的点云，返回一个新的点云。

3）ToProto （ ） 函数将 point _ cloud 转换为 proto∷PointCloud。

4）ToPointCloud （ ） 函数将 proto 转换为 PointCloud。

（2）compressed _ point _ cloud. h

CompressedPointCloud 点云压缩类，压缩 ponits 以减少存储空间，压缩后有精度损失。提供 5 个函数：

1）CompressedPointCloud （ ），点云数据初始化，并将点云压缩到 std∷vector point _ data _中，num _ points _为点云数量。

2）PointCloud Decompress （ ）const，可以返回解压缩的点云。

3）bool empty （ ）const，判断点云是否为空。

4）size _ t size （ ）const，统计点云数量。

5）ConstIterator begin （ ）const，访问点云 block 的迭代器。

6）ConstIterator end （ ）const，点云 block 的尾后迭代器。

（3）range _ data. h

RangeData 定义一系列激光雷达传感器测量数据的存储结构，CompressedRangeData 定义了一些用于压缩点云的存储结构。range _ data. h 定义了 6 个全局函数：

1）ToProto （ ），将 range _ data 转换成 proto∷RangeData。

2）FromProto （ ），将 proto 转换成 RangeData。

3）TransformRangeData （ ），对数据进行 3D 变换。

4）CropRangeData （ ），把不在 z 轴范围内的点云丢弃，剪裁到给定范围。

5）Compress （ ），压缩点云的存储结构，有精度丢失。

6）Decompress （ ），解压缩，有精度丢失。

（4）Data. h

Data 是针对某一类传感器数据的封装，共有 3 个构造函数：

1）Data（const common∷Time time, const Imu& imu），传感器类型是IMU。

2）Data（const common∷Time time, const Rangefinder& rangefinder），传感器类型是雷达。

3）Data（const common∷Time time, const transform∷Rigid3d& odometer_pose），传感器类型是里程计。

（5）configuration. h

Configuration. h主要配置了和传感器设备相关的参数。提供4个全局函数：

1）CreateSensorConfiguration（common∷LuaParameterDictionary * parameter_dictionary），从sensor配置文件解析sensor的数据参数。主要是sensor到机器人坐标的转换。

2）CreateConfiguration（common∷LuaParameterDictionary * parameter_dictionary），求得多个sensor的配置集合。

3）bool IsEnabled（const string& frame_id, const sensor∷proto∷Configuration& sensor_configuration），判断系统是否支持某一传感器。

4）GetTransformToTracking（const string& frame_id, const sensor∷proto∷Configuration& sensor_configuration），将sensor采集的data经过3D坐标变换为机器人坐标。

4. mapping

（1）probability_values. h

Probability_values. h定义了一系列与概率相关的函数。

1）inline uint16 ProbabilityToValue（const float probability），将概率转换为［1, 32767］范围内的uint16。

2）inline float ValueToProbability（const uint16 value），将uint16转换为［kMinProbability, kMaxProbability］范围内的概率。

3）inline float ClampProbability（const float probability），将概率限制在［kMinProbability, kMaxProbability］范围内。

4）Odds（ ）是胜负机会的比值，即输的平均频率与胜的平均频率的比值。

（2）imu_tracker. h

ImuTracker类利用来自IMU测量仪器的数据对机器的位姿pose的方向角进行跟踪和预测，共成员函数有：

1）void Advance（common∷Time time），系统时间增加t，更新方向角。

2）void AddImuLinearAccelerationObservation（ ），更新IMU测量得到的加速度。

3）void AddImuAngularVelocityObservation（ ），更新IMU测量得到的角速度。

4）Eigen∷Quaterniond orientation（ ），返回目前估计pose的方向角。

（3）submaps. h

Submaps是一连串的子图，初始化以后任何阶段均有两个子图被当前scan point影响。Old submap用于now match，new submap用于next match，一直交替下去。一旦new submap有足够多的scan point，那么old submap不再更新。此时new submap变为old submap，用于scan-to-map匹配。submaps. h包括的函数有：

1）matching_index（　），返回最后一个 submap 的索引，用于 scan-to-map 匹配。

2）insertion_indices（　），返回最后两个 submap 的索引，用于点云插入。

3）Get（　），返回给定索引的子图。

4）AddProbabilityGridToResponse（　），将子图对应的概率网格序列化到 proto 文件中。

（4）trajectory_node. h

轨迹节点 TrajectoryNode 类的作用主要是在连续的轨迹上采样一些离散的点用于 key frame，标识 pose frame。其 ConstantData 类的几个数据成员为：

1）time，时间。

2）range_data_2d 和 range_data_3d，测量得到的 2D range 数据和测量得到的 3D range 数据。

3）trajectory_id，本节点所属的轨迹。

4）Rigid3d，tracking frame 到 pose frame 的矩阵变换。

（5）map_builder. h

MapBuilder 类和 TrajectoryBuilder 类即真正的开始重建局部子图 submaps，并且采集稀疏位姿图用于闭环检测。其成员函数有：

1）int AddTrajectoryBuilder（　），根据传感器 id 和 options 新建一个轨迹线，返回轨迹线的索引。

2）TrajectoryBuilder * GetTrajectoryBuilder（int trajectory_id），根据轨迹 id 返回指向该轨迹的 TrajectoryBuilder 对象指针。

3）void FinishTrajectory（int trajectory_id），标记该轨迹已完成 data 采集，后续不再接收 data。

4）int GetBlockingTrajectoryId（　）const，阻塞的轨迹，常见于该条轨迹上的传感器迟迟不提交 data。

5）proto∷TrajectoryConnectivity GetTrajectoryConnectivity（　），获得一系列轨迹的连通域。

6）string SubmapToProto（　），把轨迹 id 和子图索引对应的 submap 序列化到文件。

7）int num_trajectory_builders（　）const，在建图的轨迹数量。

（6）trajectory_builder. h

TrajectoryBuilder 虚基类提供多个抽象接口，根据轨迹 Builder 收集 data。成员函数有：

1）AddRangefinderData（　）、AddImuData（　）、AddOdometerData（　）分别是添加雷达、IMU、里程计的 data。

2）virtual const Submaps * submaps（　）= 0，一系列子图。

3）virtual const PoseEstimate& pose_estimate（　）const = 0，子图位姿及其采集的点云。

4）virtual void AddSensorData（const string& sensor_id, std∷unique_ptr < sensor∷Data> data）= 0，根据 sensor_id 添加 data。

下面开始 Cartographer 建图，首先启动雷达和 Turtlebot 机器人，输入命令：

$ roslaunch turtlebot _ navigation rplidar _ laser. launch

$ roslaunch turtlebot _ bringup minimal. launch

启动 Cartographer 用于构建地图：

$roslaunch cartographer _ ros demo _ rplidar _ 2d. launch

cartographer
建图

以上终端命令可以在显示界面看到机器人建图的过程，如图 4-27 所示，绿色点为激光的点云信息，显亮区域为已探测区域，黑色区域为障碍物，中间黑色圆盘是机器人当前位姿。

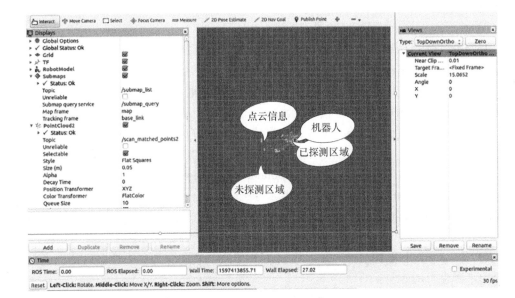

图 4-27　Cartographer SLAM 启动后的状态显示

接下来启动键盘控制 Turtlebot，进行建图：

$ roslaunch turtlebot _ teleop keyboard _ teleop. launch

如图 4-28 所示是 Turtlebot 机器人在房间进行基于激光雷达的 Cartographer SLAM 全过程。图 4-28a 是建图的真实场地，4-28b ~ d 是 Cartographer SLAM 的建图过程。

完成建图后，保存地图，供后续使用：

$ rosservice call /finish _ trajectory "cartographer"（可自定义名称）

此处会报错，但并不影响保存地图。地图保存在 . ros 的隐藏文件下（<Ctrl+H>快捷键查看隐藏文件），保存的地图如图 4-29 所示。

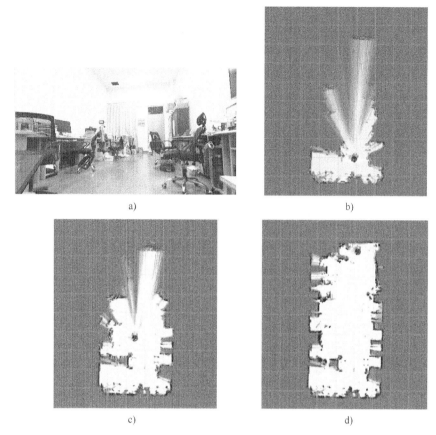

图 4-28　基于激光雷达的 Cartographer SLAM 过程

a）真实场地　b）建图时刻一　c）建图时刻二　d）建图时刻三

图 4-29　基于激光雷达的 Cartographer SLAM 结果

4.6　本章小结

本章简单介绍了用于 SLAM 的 ROS 相关工具及使用；重点讲述了基于激光雷达的三种算法 Gmapping、Hector SLAM、Cartographer 的原理，并在机器人 Turtlebot 和激光雷达 RPLIDAR A1 上对这三种算法进行实现。

Gmapping 是基于粒子滤波的算法，在长廊及低特征场景中建图效果较好，但严重依赖里程计，无法适应无人机及地面不平坦的区域且无回环，大的场景和粒子较多的情况下，特别消耗计算资源；Hector SLAM基于优化的算法（解最小二乘问题），不需要里程计，可以适应空中或者地面不平坦的情况，但对于雷达帧率要求很高，在建图过程中，需要机器人速度控制在比较低的情况下，建图效果才会比较理想；Cartographer用一定数量的激光扫描构建子图，由子图拼接成地图，在间隔一定数量的扫描后进行所有子图的图优化（回环检测），Cartographer累计误差较前两种算法较低，并且成本较低的雷达也能跑出不错的效果。

参 考 文 献

［1］胡春旭. ROS机器人开发实践［M］. 北京：机械工业出版社，2019.

［2］CAROL FAIRCHILD，THOMAS L. HARMAN. ROS机器人开发实用案例分析［M］. 吴中红，石章松，潘丽，等译. 北京：机械工业出版社，2019.

［3］GRISETTI G，STACHNISS C，BURGARD W. Improved techniques for grid mapping with rao-black-wellized particle filters［J］. IEEE Transactions on Robotics，2007，23（1）：34-46.

［4］KOHLBRECHER S，VON STRYKI O，MEYER J，et al. A flexible and scalable slam system withfull 3d motion estimation［C］. 2011 IEEE International Symposium on Safety，Security，and Rescue Robotics，2011.

［5］HESS W，KOHLER D，RAPP H，et al. Real-time loop closure in 2D LIDAR SLAM［C］. 2016 IEEE International Conference on Robotics and Automation（ICRA），2016.

［6］THRUN S，MONTEMERIO M. The graph SLAM algorithm with applications to large-scale mapping of urban structures［J］. The International Journal of Robotics Research，2006，25（5-6）：403-429.

［7］OLSON E B. Real-time correlative scan matching［C］. 2009 IEEE International Conference on Robotics and Automation，2009.

［8］CLAUSEN J. Branch and bound algorithms-principles and examples［J］. Department of Computer Science，University of Copenhagen，1999：1-30.

［9］MURPHY K，RUSSELL S. Rao-Blackwellised particle filtering for dynamic Bayesian networks［M］. New York：Springer，2001.

▶ 第 5 章

视觉 SLAM 技术

本章的知识：

视觉 SLAM 的主要流程及常见视觉传感器；实现特征点法视觉里程计的步骤；直接法视觉里程计的基本原理；基于图优化的后端优化方法；回环检测的基本方法；MonoSLAM、ORB-SLAM2 算法的基本原理及实现；多机器人视觉 SLAM 的基本原理。

本章的典型案例特点：

1. 经典视觉 SLAM 框架的阐明，导出了视觉 SLAM 流程的主要步骤。
2. 特征点法视觉里程计的一般性原理。
3. 直接法视觉里程计的基本原理。
4. 基于图优化的后端优化方法的一般性原理。
5. 回环检测的一般性原理。
6. MonoSLAM 算法的一般性原理及其实现。
7. ORB-SLAM2 算法的一般性原理及其实现。
8. 多机器人视觉 SLAM 的一般性原理及其实现。

5.1 经典视觉 SLAM 框架

经典视觉 SLAM 流程主要包含传感器信息获取、视觉里程计、后端优化、回环检测与地图创建五个部分，其框架如图 5-1 所示。

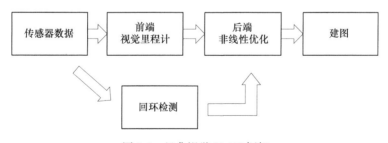

图 5-1 经典视觉 SLAM 框架

传感器数据：主要是相机图像信息的读取和预处理，以及码盘、惯性传感器等信息的读取和同步。

前端视觉里程计（Visual Odometry，VO）：根据相邻图像间信息，估计初步的相机运动为后端提供初始值，又称为前端（Front End）。

后端非线性优化（Optimization）：融合不同时刻视觉里程计测量的相机位姿，以及回环检测的信息，得到全局一致的轨迹和地图，由于在 VO 之后，所以称为后端（Back End）。

回环检测（Loop Closing）：判断机器人是否到达过先前的位置。如果检测到回环，则把信息提供给后端进行处理。

建图（Mapping）：根据对测量信息的处理结果及机器人的轨迹，建立与任务要求对应的环境地图。

经典视觉 SLAM 算法框架经过十几年的研究发展已经相当成熟，并且已经在许多视觉程序库和机器人程序中采用。当环境是静态的、光照变化不明显以及没有人为的干扰时，依靠此算法，能够较好地实现对所处环境的即时定位与建图。

5.2　视觉传感器及其基础算法

5.2.1　视觉传感器

相机将三维世界中的坐标点（单位为米）映射到二维图像平面（单位为像素）的过程可以用一个几何模型进行描述。用于描述这个过程的模型有很多种，其中最简单、有效的是针孔模型。它描述了一束光线通过针孔之后，在针孔背面投影成像的关系。下面用一个简单的针孔相机模型来对这种映射关系进行建模。

1. 单目相机模型

单目相机成像过程原理如图 5-2 所示。

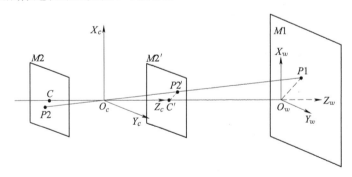

图 5-2　单目相机成像原理

某一相机拍摄时，若外部所有可视景物光线只能通过相机的光心到达相机的成像平面并形成倒立缩小的成像平面点，这种相机就属于针孔模型相机，如图 5-2 所示，$M1$、$M2$ 以及 $M2'$ 分别为世界平面、成像平面以及等效成像平面。$O_c - X_cY_cZ_c$ 是以相机光心 O_c 为原点所建立的相机笛卡尔坐标系，也可称为光轴坐标系，将光轴坐标系沿 Z 轴平移 z_1 的距离到世界平面，形成一个与相机坐标系平行的另一个笛卡尔坐标系 $O_w - X_wY_wZ_w$，C 以及 C' 为成像平面和等效成像平面的中心。$P1$ 为相机视野内的某一点，在 $O_w-X_wY_wZ_w$ 坐标系下的坐标为 (X, Y, Z)，$P2$ 为 $P1$ 通过光心在成像平面的投影点，其对应的等效平面的成像点为 $P2'$，其等效成像坐标系下的坐标为 (X', Y', Z')，图中 O_cC' 的距离为相机的焦距 f。由图 5-2 可知 $\Delta O_c C'P2'$ 与 $\Delta O_c O_w P1$ 相似，于是有

$$\begin{cases} \dfrac{Z}{f} = \dfrac{X}{X'} \\ \dfrac{Z}{f} = \dfrac{Y}{Y'} \end{cases} \Rightarrow \begin{aligned} X' &= f\dfrac{X}{Z} \\ Y' &= f\dfrac{Y}{Z} \end{aligned} \tag{5-1}$$

上式描述了点 $P1$ 和它在等效成像平面对应点之间的空间关系。在相机中，最终获得的是一个一个像素，这就需要在成像平面上对成像进行采样和量化。为了描述传感器将光线转换为成像像素的过程，假设在物理成像平面上固定一个像素平面 o-u-v，在像素平面得到的 $P2$ 的像素坐标为 (u, v)。

像素坐标系与成像平面之间，相差了一个缩放和一个原点的平移。假设像素坐标在 u 轴上缩放了 α 倍，在 v 轴上缩放了 β 倍。同时，原点平移了 c_x，c_y。那么，$P2$ 的坐标与像素坐标 (u, v) 的关系为

$$\begin{cases} u = \alpha X' + c_x \\ v = \beta Y' + c_y \end{cases} \tag{5-2}$$

带入式（5-1），同时将 αf 合并成 f_x，βf 合并成 f_y，于是有

$$\begin{cases} u = f_x \dfrac{X}{Z} + c_x \\ v = f_y \dfrac{Y}{Z} + c_y \end{cases} \tag{5-3}$$

其中，f 的单位为米，α 和 β 的单位为像素/米，所以 f_x 和 f_y 的单位为像素。把式（5-3）写成矩阵形式会更加简洁，将左侧用齐次坐标表示

$$\begin{bmatrix} u \\ v \\ 1 \end{bmatrix} = \frac{1}{Z}\begin{bmatrix} f_x & 0 & c_x \\ 0 & f_y & c_y \\ 0 & 0 & 1 \end{bmatrix}\begin{bmatrix} X \\ Y \\ Z \end{bmatrix} \Rightarrow Z\begin{bmatrix} u \\ v \\ 1 \end{bmatrix} = \begin{bmatrix} f_x & 0 & c_x \\ 0 & f_y & c_y \\ 0 & 0 & 1 \end{bmatrix}\begin{bmatrix} X \\ Y \\ Z \end{bmatrix} \tag{5-4}$$

矩阵 $\begin{bmatrix} f_x & 0 & c_x \\ 0 & f_y & c_y \\ 0 & 0 & 1 \end{bmatrix}$ 称为相机的内参矩阵 $\boldsymbol{K}$。通常认为相机的内参在出厂之后是固定的，不会在使用过程中发生变化。有的相机生产厂商会给出相机的内参，而有时也需要用户自己确定相机的内参，也就是所谓的标定。

2. 双目相机模型

针孔相机模型描述了单个相机的成像模型，然而仅仅根据一个像素是无法确定这个空间点的具体位置的。因为在光心和归一化平面的连线上所有的点都可以投影到这个像素上，所以只有知道这个点的深度信息时，才可以准确知道该点的实际空间位置。

测量像素深度信息的方式多种多样，比如人的眼睛就是通过左眼和右眼看到的物体的差异来判断物体离我们的距离，双目相机的原理也是如此。具体就是通过同步左右两个相机采集的图像，计算每对图像之间的差异（视差）来估计每一个像素的深度

信息，下面将对双目相机的成型原理进行简单的介绍。

双目相机一般是由左右两个单目相机组成，两个相机水平放置，当然也还有其他放置方式，比如上下两目，本质上没有什么区别。目前所接触的双目相机大多为左右布置形式的，如图5-3所示。

图5-3　双目相机

在左右双目的相机中，可以把两个相机都看作针孔相机。如图5-4所示，由于左右双目是水平放置，因此两个相机的光圈中心 O_L、O_R 都位于 x 轴上，双目相机的基线 b 是双目的重要参数。

假设一空间点 P，它在左右两个相机中各成一像，分别为 P_L 和 P_R，由于双目相机基线的存在，两个成像的位置存在一定的差异，由于两个相机的光心在同一坐标轴上，P 点在两个相机中成像也只在该坐标轴上存在差异。将左右两边的坐标分别记为 u_L、u_R，应该注意的是由于坐标的定义，图中右眼的 u_R 为负数，因此其距离大小记为 $-u_R$。根据 ΔPP_LP_R 与 ΔPO_LO_R 相似的几何关系，可以得到

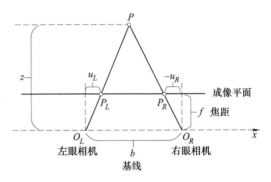

图5-4　双目相机成像原理

$$\frac{z - f}{z} = \frac{b - u_L + u_R}{b} \tag{5-5}$$

稍加整理可以得到

$$z = \frac{fb}{d}, d = u_L - u_R \tag{5-6}$$

d 为横坐标之差，即视差。根据这个视差可以估计每个像素的深度信息，其中视差与距离成反比，视差越大，距离越近。由于视差最小为一个像素，于是双目的深度存在一个理论上的最大值，由 fb 确定。当基线越长时，双目能够看到的最大距离就越远，反之小型双目相机只能测量较近的距离。

3. 深度相机模型

相对于双目相机通过计算视差来估计像素深度的方式，深度相机的做法更加直接一点，它能够主动测量每个像素的深度信息。目前用于深度相机的原理主要分为两类，分别是通过红外结构光来测量像素距离（典型的有 Kinect 一代相机）以及通过飞行时间法原理来测量像素距离（如 Kinect 二代相机）。

无论是哪种相机类型，深度相机都需要向被探测的目标发射一束光线。根据返回的光线来计算深度信息，比如在基于红外结构光的原理中，相机主要是根据返回的结构光的图案来计算物体与相机之间的距离。而基于飞行时间法原理的相机主要是通过向目标发射脉冲光，然后根据发送到返回之间光束的飞行时间来确定物体和相机之间的距离。因此如果把深度相机拆开，通常除了普通摄像头之外，还会发现一个发射器

和接收器。

在完成深度测量之后，深度相机会自动完成彩色图像和深度图像之间的匹配，输出一一对应的彩色图和深度图，从而可以同时读取其色彩信息和深度信息。

深度相机虽然可以实时的测量每个像素的深度信息，但是由于这种发射和接收的测量方式的限制，使得深度相机容易受到日光或其他传感器发射光的干扰，因此深度相机不适合室外使用。多个深度相机同时使用时也会相互产生干扰。对于透射材质的物体，因为接收不到反射光，无法预测像素的位置。深度相机在成本和功耗等方面也都存在一定的劣势。

5.2.2 视觉里程计

视觉 SLAM 主要分为视觉前端和优化后端，前端也称为视觉里程计。视觉里程计主要是根据相邻图像之间的信息估计出大概的相机运动，给后端提供较好的初始值。视觉里程计按是否需要提取特征分为特征点法和直接法两种实现方法。基于特征法的视觉里程计一直被认为是视觉 SLAM 中的主流方法，目前已有比较成熟的解决方案。

1. 特征点法视觉里程计

视觉里程计的主要问题是如何根据图像来估计相机的运动，而图像本身是由亮度和色彩组成的矩阵，如果直接从这个层面上来考虑视觉里程计的实现将会非常困难。所以通常先从图像中提取在局部区域比较特殊的点，这些点不会随着相机的视角的变化而变化，然后在各帧图像中寻找相同的点，最后在这些点的基础上讨论相机位姿估计的问题。在经典 SLAM 框架下，这些点通常称之为路标（Landmarks），在视觉 SLAM 中则称为特征（Features）。

SLAM 算法研究初期普遍选用图像中的角点作为特征点，然而在运用中，单纯的角点并不能满足要求。比如从远距离看上去是角点的地方，当相机走进之后就可能不再显示为角点，又或者当相机发生旋转时，角点的外观会发生变化，就更不容易判断是否为同一个角点。因此在计算机视觉领域，研究者们设计了很多更加稳定的局部图像特征，著名的有 SIFT、SURF 和 ORB 特征等，这些特征都具有如下性质：

- 其描述子（Descriptor）对特征的描述能力强，可用于帧间匹配。
- 所有检测出来的特征可重复被观测提取。
- 特征数量充足，可以高效均匀复现环境物体轮廓并且没有冗余。
- 在局部区域具有代表性。

SIFT（Scale-invariant Feature Transform）特征提取图像中物体的局部外观上具有尺度和旋转不变的兴趣点，这些兴趣点具有很高的分辨性和稳定性，对环境微小变化的适应性很强，这种特征能够大量的提取，但是其计算复杂度较高，提取耗时。

SURF（Speeded Up Robust Features）特征寻找这种尺度不变的兴趣点进行识别和描述，采用方形滤波代替高斯滤波，通过构造并计算海森矩阵行列式的极值点来检测和提取特征点，计算寻找特征点主方向，构造 64 维特征描述子（SIFT 为 128 维特征描述子）。相比于 SIFT 特征，计算时间成本成倍的降低，但是对图像灰度梯度的依赖性更强，尺度不变性降低。

ORB（Oriented FAST and Rotated BRIEF）特征的提取主要借鉴了 FAST（Features from Accelerated Segment Test）特征的提取方法，在继承了 FAST 特征的高速提取的基础上增加了兴趣点的主方向以及尺度不变性，因而 ORB 特征点也具有了一定的旋转不变性。ORB 特征的描述子主要来源于 BRIEF（Binary Robust Independent Elementary Features）特征描述，通过增加旋转因子来增加 ORB 特征描述符的整体旋转不变性。ORB 特征描述符是一种二进制描述符，得益于二进制描述符的快速性，ORB 特征的检测以及描述的时间成本大大降低。

本节主要以 ORB 特征为例，讲解特征的匹配和提取。ORB 特征的提取主要分为 FAST 角点特征的检测以及角点的二进制描述子的计算，FAST 特征角点检测如图 5-5 所示。

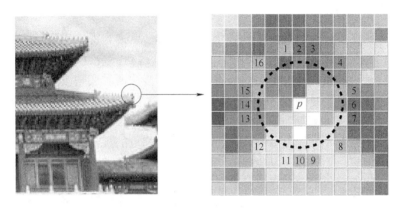

图 5-5　FAST 特征角点检测

（1）候选特征点的检测

在灰度图像中选取任意一点 p，以这一点为圆心构造以 3 个像素为半径的圆，同时将圆周长上的像素依次编号（1，2，…，16），计算 p 点处像素灰度值 I_p 与编号 p_x 的像素灰度值的差，比较是否有连续 12 个像素的差值的绝对值大于阈值 t，如果有就选取 p 为候选点，如果没有跳到下一个像素点，重复此计算，直到获取足量的候选点。

（2）候选特征点的筛选

有些特征比较明显的区域会检测出大量的候选特征点，为了去除这些密集的候选点，对每一个候选特征点计算它的分数函数 V

$$V = \max\left(\sum_{x \in S_{bright}} |I_{p\to x} - I_p| - t, \sum_{x \in S_{dark}} |I_p - I_{p\to x}| - t\right) \tag{5-7}$$

式中，I_p，$I_{p\to x}$ 为候选点以及其周围像素点的灰度值；t 为角点检测阈值；S_{bright} 为当 $I_{p\to x} \geqslant I_p + t$ 时该点属于亮点（bright）；S_{dark} 为当 $I_{p\to x} \leqslant I_p - t$ 该点属于暗点（dark）。

然后在相邻的候选关键点中保留分数值最大的点同时滤除其他点，这就是通过非极大值抑制法来产生 FAST 特征点。

（3）加入尺度以及旋转不变性

尺度不变性通过建立 8 层图像金字塔，同时加入相关的比例因子，对每一层金字塔进行滤波，最后产生 FAST 角点。要加入旋转不变性，需要确定 FAST 角点的主方向，利用强度质心法来计算其主方向，首先根据定义，计算特征点块矩

$$m_{pq} = \sum_{x,y \in r} x^p y^q I(x,y) \tag{5-8}$$

式中，r 为特征点块的半径；p，q 为列表值，取值为 0 或 1；x，y 为坐标值；$I(x,y)$ 为图像灰度值。

根据矩来计算特征点块的质心

$$C = \left(\frac{m_{10}}{m_{00}}, \frac{m_{01}}{m_{00}} \right) \tag{5-9}$$

将质心与特征点连接，并将特征点到特征点块的质心的方向定义为该特征角点的主方向

$$\theta = \arctan\left(\frac{m_{01}}{m_{10}} \right) \tag{5-10}$$

ORB 选择了 BRIEF 作为特征描述方法，对其进行改进，使其加上旋转不变性，增加其可区分性。

1）在尺度空间上，对特征点取一个大小为 $S \times S$ 的像素区域，再选取 n 对像素点 p_i 和 q_i，将像素对用集合表示

$$T_n = \left\{ \begin{bmatrix} x_{p1} & x_{q1} \\ y_{p1} & y_{q1} \end{bmatrix}, \begin{bmatrix} x_{p2} & x_{q2} \\ y_{p2} & y_{q2} \end{bmatrix}, \cdots, \begin{bmatrix} x_{pn} & x_{qn} \\ y_{pn} & y_{qn} \end{bmatrix} \right\} \tag{5-11}$$

2）将像素对的集合中加入旋转角度 θ，使用对应的旋转矩阵 $\boldsymbol{R}_\theta$ 转换后的集合为

$$T_n' = \boldsymbol{R}_\theta T_n \tag{5-12}$$

3）将像素点对集合中的像素灰度值相比较，通过下式生成 n 位二进制特征点描述符

$$i = \begin{cases} 1, & I(p_i) > I(q_i) \\ 0, & I(p_i) < I(q_i) \end{cases} \tag{5-13}$$

特征匹配是视觉 SLAM 中极其重要的一步，简单来说，图像间的特征匹配对应的经典 SLAM 算法中的数据关联问题，如图 5-6 所示，即当前看到的路标与之前看到的路标的对应关系。通过对图像与图像或者图像与地图之间的描述子进行准确的匹配，可以为后续的姿态估计、优化等操作减轻大量的负担。但是由于图像特征的局部特性，匹配过程中产生误匹配的情况大量存在，而且在很长一段时间没有得到很好的解决，这也成为制约视觉 SLAM 发展的一大因素。

考虑相邻帧图像 I_k 和 I_{k+1}，如果在图像 I_k 中提取到特征点集合 $\{X_k^m, m = 1, 2, \cdots, M\}$，在图像 I_{k+1} 中提取到特征点集合 $\{X_{k+1}^n, n = 1, 2, \cdots, N\}$，如何寻找这两个集合元素的对应关系呢？最简单的特征匹配方法就是暴力匹配，即计算每一个特征点 X_k^m 与所有的 X_{k+1}^n 测量描述子的距离，然后排序，选取最近的一个作为匹配点。描述子之间的距离表示了两个特征点之间的相似程度，不过在实际运用中还可以取不同的距离度量范数，同时往往使用汉明距离度量两个二进制串之间的相似程度。

然而，当特征点数量很大时，暴力匹配法的运算量将变得很大，特别是想要匹配某个帧和一张地图时，这不符合视觉 SLAM 对实时性的要求，此时快速近邻算法更加适合匹配点数量极多的情况。

特征匹配任务完成后，需要根据匹配成功的特征点对来计算相机的相对运动，主

图 5-6　特征匹配示例

要包括相机的旋转以及平移矩阵。基于 RGB-D 相机和双目相机的视觉里程计，可直接获取图像中物体的深度信息，在这个基础上可以直接使用迭代最近点算法（Iterative Closest Point，ICP）来求解相机的运动。与双目和深度相机不同，单目相机不能获取特征点的深度信息，因此基于单目的帧间相对运动的计算需要用到对极几何约束以及 PNP（Perspective N Points）来解决，下面将对其分别进行分析研究。

（1）基于双目和深度相机的运动求解

对于可以直接获取深度信息的方法，首先假设有一组匹配好的 3D 特征点（由双目恢复的深度信息或直接深度相机获取的深度信息）：$p = \{p_1,\ p_2,\ \cdots,\ p_n\}$，$p' = \{p'_1,\ p'_2,\ \cdots,\ p'_n\}$，需要找到一个欧式变换 R，t，且有

$$p_i = \boldsymbol{R}p'_i + \boldsymbol{t} \tag{5-14}$$

式中，p，p' 为匹配点对的三维空间坐标向量；$\boldsymbol{R}$，$\boldsymbol{t}$ 为相机的旋转和平移矩阵。

在上述 ICP 问题描述中可以发现，整个相对运动估计中没有涉及相机的模型，也就是说 3D 点对之间的运动估计与相机参数并没有关系。

根据前面 ICP 问题的描述，先定义匹配好的第 i 对点的误差项

$$e_i = p_i - (\boldsymbol{R}p'_i + \boldsymbol{t}) \tag{5-15}$$

最后构建最小二乘问题，求解 $\boldsymbol{R}$，$\boldsymbol{t}$ 使得误差平方和达到最小

$$\min_{R,t} J = \frac{1}{2} \sum_{i=1}^{n} \left\| (p_i - (\boldsymbol{R}p'_i + \boldsymbol{t})) \right\|^2 \tag{5-16}$$

（2）基于单目相机的运动求解

单目相机需要完成相对运动的计算，首先需要对地图进行初始化，利用对极几何关系来对两帧图像之间的相对运动进行初始化，再通过三角化原理分析得出初始特征

点的三维空间坐标。在初始化成功的基础上可以对后面图像帧计算相机的连续相对运动，即求解连续的 PNP 问题。

如图 5-7 所示，将 PNP 问题定义为求解两帧成功匹配三对以上特征点的图像之间的相对运动信息，其中特征点的像素坐标、所匹配的特征点在初始化地图中的三维空间坐标信息以及相机的内参矩阵是已知的。目前求解 PNP 问题的方法主要包括代数求解法以及误差优化法，当两帧图像之间匹配特征点比较少时可用 P3P（代数求解法）求解，但是一般相机图像采集帧率相对比较高，所匹配的特征点相对来说都是比较大的，此时代数求解法并不适用，同时用此方法容易陷入局部最优，得到的帧间运动信息误差较大。因此，一般 PNP 问题都用误差优化法来求解，如下文所涉及的集束优化（BA）。

如图 5-8 所示，BA 方法将地图中已知三维空间坐标的特征点重新投影到需要计算相对运动的图像帧中，然后与该特征点实际的像素点坐标做距离差的计算，将所有特征的重投影误差平方的集合做整体优化，优化的变量为相机的相对运动信息，即旋转和平移矩阵。

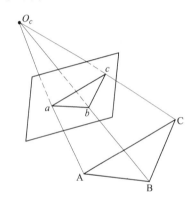 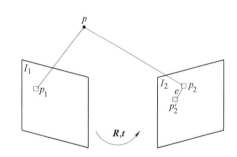

图 5-7　PNP 问题示意图　　　图 5-8　重投影误差

图中 I_1，I_2 为图像序列中相邻的两帧图像，p 点在两帧图像中的真实投影点为 p_1 和 p_2，p_2' 为重投影的像素点，e 为重投影像素点与真实像素点之间的误差值，$\boldsymbol{R}$，$\boldsymbol{t}$ 为相邻帧之间的相对运动矩阵，在此基础上根据式（5-4）有如下关系

$$\begin{cases} S_1 \begin{bmatrix} \boldsymbol{x}_1 \\ 1 \end{bmatrix} = \boldsymbol{K}X \\ S_2 \begin{bmatrix} \boldsymbol{x}_2' \\ 1 \end{bmatrix} = \boldsymbol{K}(\boldsymbol{R}X + \boldsymbol{t}) \end{cases} \tag{5-17}$$

式中，$\boldsymbol{x}_1$ 为 p_1 点的像素坐标向量；$\boldsymbol{x}_2'$ 为 p_2' 点的像素坐标向量；S_1，S_2 分别为 p 点在两帧图像中的深度信息；X 为 p 点在 I_1 坐标系下的位置信息；$\boldsymbol{K}$ 为相机的内参矩阵。

由于存在误差，$\boldsymbol{x}_2 = \boldsymbol{x}_2'$ 并不能严格成立，$\boldsymbol{x}_2$ 为 p_2 点的像素坐标向量，为此需要进一步优化处理。假设相邻两帧图像之间有 N 对匹配成功的特征点，可对其构造优化函数

$$\min J = \min_{R,t,X} \sum_{j=1}^{N} \left\| \left(\begin{bmatrix} x_2^j \\ 1 \end{bmatrix} - \frac{\boldsymbol{K}(\boldsymbol{R}X_j + \boldsymbol{t})}{s_2^j} \right) \right\|^2 \tag{5-18}$$

对其进行优化求解，能够求解出满足 J 最小情况下的最优相对运动解以及地图点坐标。可选择的优化方法有多种，最常用的有共轭梯度法与高斯—牛顿法，其中可以利用PNP求解的值作为初始的迭代值。对相机采集的图像序列不断地重复上述两个步骤，就可以实现视觉里程计功能。

2. 直接法视觉里程计

直接法是视觉里程计的另一个主要分支，虽然它还没有特征点法运用的那样广泛，但经过几年的发展，直接法在一定程度上已经能够和特征点法平分秋色。尽管特征点法在视觉里程计中占主导地位，但还是存在以下几个缺点。

1）关键点的提取与描述子的计算非常耗时，SIFT目前在CPU上无法实时计算，而ORB的计算也较为耗时。如果整个SLAM以30ms/帧的速度运行，那么一大半时间都将花费在计算特征点上。

2）使用特征点时，忽略了除特征点以外的信息。一幅图像有几十万个像素，而特征点只有几百个，只使用特征点丢弃了大部分可能有用的图像信息。

3）相机有时会运动到特征缺失的地方，这些地方往往没有明显的纹理信息。例如，面对一堵白墙，或者一个空荡的走廊，在这些场景下特征点数量明显减少，可能找不到足够的匹配点来计算相机运动。

为了进一步减小上述问题带来的影响，有以下几种策略来解决：

1）保留特征点，但只计算关键点，不计算描述子，并使用光流法来跟踪特征点的运动。这样可以回避计算和匹配描述子带来的用时问题，但是关键点本身的计算也需要一定的时间。

2）只计算关键点，不计算描述子。通过使用直接法来计算特征点在下一时刻图像中的位置。这样同样可以跳过描述子计算过程，而且直接计算更加简单。

3）既不计算关键点，也不计算描述子，而是根据像素灰度的差异，直接计算相机运动。

第一种方法仍然使用特征点，只是把匹配描述子替换成了光流跟踪，估计相机运动时仍使用PNP或者ICP算法。而后两种方法中，会根据图像的像素灰度信息来计算相机运动，统称为直接法。

特征点法估计相机运动的基本原理是，把提取的特征点看作固定的三维空间点，根据它们在相机中投影的位置，通过最小化重投影误差来优化得到相机的运动信息。在这个过程中，需要精确地知道空间点投影到相机成像平面的像素位置，这是为什么需要对特征点进行匹配和跟踪的原因，同时计算和匹配特征点也需要付出相应的计算资源。在直接法中，并不需要知道点与点之间的对应关系，而是通过最小化光度误差来计算求得。

直接法是根据像素的亮度信息来估计相机运动，它是为了克服特征点法的上述缺点而存在的，因为它可以完全不用计算关键点和描述子，于是避免了特征计算，同时也避免了特征缺失的情况。只要运用场景中存在明暗变化，直接法就能够正常工作。直接法是从光流演变而来的，具有相同的假设条件。光流是一种描述像素随时间在图像之间运动的方法，如图5-9所示，计算部分像素运动称为稀疏光流，计算所有像素运动称为稠密光流。稀疏光流以Lucas-Kanade为代表，并可以在SLAM中用于跟踪特征的位置，因此下面主要介绍 Lucas-Kanade 光流，也称 LK 光流。

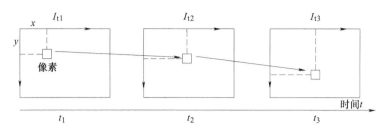

图 5-9　光流示意图

在 LK 光流中，认为来自相机的图像是随时间变化的，在 t 时刻，位于 (x, y) 处的像素的灰度可以写成 $I(x, y, t)$，可以看出，图像是一个关于位置与时间的函数，它的值域就是图像中像素的灰度值。现在考虑某个固定的空间点，它在 t 时刻的像素坐标为 (x, y)。由于相机的运动，该像素坐标将发生变化，若估计这个空间点其他时刻在图像中的位置，这里就要引入光流法的基本假设。

灰度不变假设：同一空间点的像素灰度值，在各个图像中是固定不变的。对于 t 时刻位于 (x, y) 处的像素，设 $t + dt$ 时刻它运动到 $(x + dx, y + dy)$ 处，由于灰度不变，于是有

$$I(x, y, t) = I(x + dx, y + dy, t + dt) \tag{5-19}$$

对公式右边进行泰勒展开，只保留一阶项

$$I(x + dx, y + dy, t + dt) \approx I(x, y, t) + \frac{\partial I}{\partial x}dx + \frac{\partial I}{\partial y}dy + \frac{\partial I}{\partial t}dt \tag{5-20}$$

因为假设灰度不变，于是下一时刻的灰度等于之前的灰度，从而可以得到

$$\frac{\partial I}{\partial x}dx + \frac{\partial I}{\partial y}dy + \frac{\partial I}{\partial t}dt = 0 \tag{5-21}$$

将上式两边除以 dt 可以得到

$$\frac{\partial I}{\partial x}\frac{dx}{dt} + \frac{\partial I}{\partial y}\frac{dy}{dt} = -\frac{\partial I}{\partial t} \tag{5-22}$$

式中，dx/dt 为像素在 x 轴上的运动速度，而 dy/dt 为像素在 y 轴上的速度，把它们记为 $\hat{u}$，$\hat{v}$；同时 $\partial I/\partial x$ 为图像在该点 x 方向的梯度，另一项则是 y 方向的梯度，记为 I_x，I_y；把图像灰度对时间的变化量记为 I_t，写成矩阵形式，于是有

$$\begin{bmatrix} I_x & I_y \end{bmatrix} \begin{bmatrix} \hat{u} \\ \hat{v} \end{bmatrix} = -I_t \tag{5-23}$$

由于该公式是带有两个变量的一次方程，无法计算出 $\hat{u}$，$\hat{v}$。因此，需要引入额外的约束来计算 $\hat{u}$，$\hat{v}$。在 LK 光流中，假设某一个窗口内的像素具有相同的运动，考虑一个大小为 $w \times w$ 的窗口，它含有 w^2 个像素。由于这个窗口内像素具有相同的运动，因此可以得到 w^2 个方程

$$\begin{bmatrix} I_x & I_y \end{bmatrix}_k \begin{bmatrix} \hat{u} \\ \hat{v} \end{bmatrix} = -I_{tk}, \quad k = 1, \cdots, w^2 \tag{5-24}$$

于是整个方程就变为

$$A \begin{bmatrix} \hat{u} \\ \hat{v} \end{bmatrix} = -\boldsymbol{b} \tag{5-25}$$

其中

$$A = \begin{bmatrix} [I_x \quad I_y]_1 \\ \vdots \\ [I_x \quad I_y]_k \end{bmatrix}, \boldsymbol{b} = \begin{bmatrix} I_{t1} \\ \vdots \\ I_{tk} \end{bmatrix} \tag{5-26}$$

这是一个关于 $\hat{u}$, $\hat{v}$ 的方程,传统解法是求最小二乘解,这样就得到了像素在图像间的运动速度 $\hat{u}$, $\hat{v}$。当 t 是离散的时刻而不是连续时间时,可以估计某块像素在若干图像中出现的位置,在 SLAM 中,LK 光流常被用来跟踪角点运动。

直接法与光流法有一定的相似性,如图 5-10 所示,考虑某个空间点 p 和两个时刻的相机位姿,p 的世界坐标为 (x, y, z),它在两个时刻相机上成像,记像素坐标向量分别为 $\boldsymbol{p}_1$,$\boldsymbol{p}_2$。为求第一个相机位姿到第二个相机位姿相对变换,以第一个相机位姿为参照系,设第二个相机的位姿旋转和平移为 $\boldsymbol{R}$, $\boldsymbol{t}$,同时相机的内参为 $\boldsymbol{K}$,这时可以列出完整的投影方程

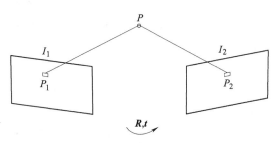

图 5-10　直接法示意图

$$\boldsymbol{p}_1 = \begin{bmatrix} u \\ v \\ 1 \end{bmatrix}_1 = \frac{1}{Z_1} \boldsymbol{K} p \tag{5-27}$$

$$\boldsymbol{p}_2 = \begin{bmatrix} u \\ v \\ 1 \end{bmatrix}_2 = \frac{1}{Z_2} \boldsymbol{K} (\boldsymbol{R} p + \boldsymbol{t}) \tag{5-28}$$

其中,Z_1, Z_2 分别为 p 在两个相机位姿时的坐标系深度。

在特征点法中,$\boldsymbol{p}_1$, $\boldsymbol{p}_2$ 像素的位置可以通过匹配描述子来获得,所以能够直接计算重投影位置。但与之不同的是,在直接法中,由于没有特征匹配,没法知道哪一个 $\boldsymbol{p}_2$ 与 $\boldsymbol{p}_1$ 对应着同一个点。直接法的思路是根据当前相机的位姿估计值来寻找 $\boldsymbol{p}_2$ 的位置,但是如果相机的位姿不够好,$\boldsymbol{p}_2$ 与 $\boldsymbol{p}_1$ 的外观有明显的差异,可以通过优化这个相机的位姿来寻找与 $\boldsymbol{p}_1$ 更为相似的 $\boldsymbol{p}_2$。这个问题同样可以通过解一个优化问题来完成,但此时优化的不是最小化重投影误差,而是光度误差,将其定义为 p 在两个相机坐标系下的像素的亮度误差

$$e = I_1(\boldsymbol{p}_1) - I_2(\boldsymbol{p}_2) \tag{5-29}$$

在直接法中,假设一个空间点在各个视角下成像的灰度是不变的,就有许多个空间点 p_i,那么整个相机位姿估计问题就变为

$$\min_{R,t} J(\boldsymbol{R}, \boldsymbol{t}) = \sum_{i=1}^{N} e_i^{\mathrm{T}} e_i, \quad e_i = I_1 \left(\frac{1}{Z_{1,i}} \boldsymbol{K} p_i \right) - I_2 \left(\frac{1}{Z_{2,i}} \boldsymbol{K} (\boldsymbol{R} p_i + \boldsymbol{t}) \right) \tag{5-30}$$

对于这种 N 个点的问题，可以先计算优化问题的雅克比矩阵，然后使用高斯—牛顿法或列文伯格—马夸尔特方法计算增量，迭代求解。

5.2.3 后端优化

SLAM 的后端是指对前端构造的视觉里程计进行降噪处理以得到更加精确的相机位姿变化，同时依据位姿的精确变换关系优化地图空间特征点的位置信息，使其更精确且能够达到全局一致。目前主要的后端优化算法分为两种，一种是基于滤波，一种是基于图优化，目前用于视觉 SLAM 的主流后端方法主要是基于图优化，下面对其进行简单的介绍。

1. BA 代价函数与图优化

BA（Bundle Adjustment）这个概念主要来自视觉三维重建，是指从视觉重建中提炼出最优的 3D 模型和相机参数。从每一个特征点反射出的几束光线（bundle of light rays），在相机姿态和特征点空间位置做出最优调整（adjustment）之后，最后收束到相机光心的这个过程简称为 BA。

在图优化框架的视觉 SLAM 算法里，BA 起到了核心作用，它类似于求解只有观测方程的 SLAM 问题。在早期，SLAM 研究者们认为包含大量特征点和相机位姿的 BA 计算量过大，不适合实时计算。直到近几十年，人们逐渐认识到 SLAM 问题中 BA 的稀疏特性，BA 算法不仅具有很高的精确度，也开始具备良好的实时性，能够应用于在线计算的 SLAM 场景。

（1）投影模型

在介绍 BA 代价函数之前，首先介绍一下投影模型，与之前介绍的相机模型不同的是，这里将相机的畸变考虑进去。从一个世界坐标系中的点 p 出发，投影成像素坐标需要以下步骤：

第一步，把世界坐标转换到相机坐标系，这里将用到相机外参数 $\boldsymbol{R}, \boldsymbol{t}$

$$p' = \boldsymbol{R}p + \boldsymbol{t} = \begin{bmatrix} X' & Y' & Z' \end{bmatrix}^{\mathrm{T}} \tag{5-31}$$

第二步，将 p' 投至归一化平面，得到归一化坐标向量

$$\boldsymbol{p}_c = \begin{bmatrix} u_c & v_c & 1 \end{bmatrix}^{\mathrm{T}} = \begin{bmatrix} X'/Z' & Y'/Z' & 1 \end{bmatrix}^{\mathrm{T}} \tag{5-32}$$

第三步，考虑归一化坐标的径向畸变情况，可以用一个多项式函数来描述畸变前后的坐标变化，这类畸变可以用二次及高次多项式函数进行纠正，得到去畸变后的坐标 (u_c', v_c')。这里 r_c 表示 p 点到坐标系原点的距离，对于畸变较小的图像中心区域，畸变纠正主要是 k_1 起作用，而对于畸变较大的边缘区域主要是 k_2 起作用

$$\begin{cases} u_c' = u_c(1 + k_1 r_c^2 + k_2 r_c^4) \\ v_c' = v_c(1 + k_1 r_c^2 + k_2 r_c^4) \end{cases} \tag{5-33}$$

第四步，根据式（5-3）定义的内参模型，计算像素坐标 (u_s, v_s)

$$\begin{cases} u_s = f_x u_c' + c_x \\ v_s = f_y v_c' + c_y \end{cases} \tag{5-34}$$

（2）BA 代价函数

投影的整个过程看似有些复杂，可以将整个过程概括为一个观测方程，可以把它

抽象成

$$z = h(x, y) \tag{5-35}$$

具体地说，式（5-35）中的 x 指此时相机的位姿，外参 R，t 可以用 ξ 表示。路标 y 就是这里的三维点坐标向量 $\boldsymbol{p}$，而观测数据就是像素坐标 (u_s, v_s)。这里以最小二乘的角度来考虑，那么可以列出关于观测的误差

$$e = z - h(\xi, \boldsymbol{p}) \tag{5-36}$$

然后把其他时刻的观测也考虑进来，可以给误差添加一个下标。设 $z_{i,j}$ 为在位姿 ξ_i 处观测路标 p_j 产生的数据，那么整体的代价函数可以定义为

$$\frac{1}{2} \sum_{i=1}^{m} \sum_{j=1}^{n} \|e_{ij}\|^2 = \frac{1}{2} \sum_{i=1}^{m} \sum_{j=1}^{n} \|z_{ij} - h(\xi_i, p_j)\|^2 \tag{5-37}$$

对此用最小二乘进行求解，相对于位姿和路标同时做了调整，也就是上面所介绍的 BA 优化。

2. BA 求解

由于观测模型 $h(\xi, p)$ 不是线性的函数，可以使用一些非线性手段来优化。根据非线性优化的思想，应该从某个初始值开始，不断地寻找 Δx 来找到目标函数的最优解，尽管误差项都是针对单个位姿和路标点的，但在整个 BA 目标函数上，必须把自变量定义成所有待优化的变量

$$\boldsymbol{x} = \begin{bmatrix} \xi_1 & \cdots \xi_m & p_1 & \cdots p_m \end{bmatrix}^{\mathrm{T}} \tag{5-38}$$

相应地，增量方程中的 Δx 则是对整体自变量的增量。当给自变量一个增量时，目标函数变为

$$\frac{1}{2} \|f(x + \Delta x)\|^2 \approx \frac{1}{2} \sum_{i=1}^{m} \sum_{j=1}^{n} \|e_{i,j} + F_{ij} \Delta \xi_i + E_{ij} \Delta p_j\|^2 \tag{5-39}$$

其中，F_{ij} 表示整个代价函数在当前状态下对相机姿态的偏导数，而 E_{ij} 表示该函数对路标点位置的偏导，现在把相机位姿变量放到一起

$$\boldsymbol{x}_c = \begin{bmatrix} \xi_1 & \xi_2 & \cdots & \xi_m \end{bmatrix}^{\mathrm{T}} \in \mathbb{R}^{6m} \tag{5-40}$$

并把空间点的变量也放在一起

$$\boldsymbol{x}_p = \begin{bmatrix} p_1 & p_2 & \cdots & p_n \end{bmatrix}^{\mathrm{T}} \in \mathbb{R}^{3n} \tag{5-41}$$

那么，公式可以简化表达如下

$$\frac{1}{2} \|f(x + \Delta x)\|^2 = \frac{1}{2} \|e + \boldsymbol{F} \Delta x_c + \boldsymbol{E} \Delta x_p\|^2 \tag{5-42}$$

需要注意的是，该式是由多个小型二次项之和演变成单个二次项形式。这里的雅可比矩阵 $\boldsymbol{E}$ 和 $\boldsymbol{F}$ 必须是整个目标函数对整体变量的导数，它将是一个很大块的矩阵，而里头每个小分块，需要由每个误差项的导数 F_{ij} 和 E_{ij} 拼凑起来。然后使用高斯—牛顿法或者列文伯格—马夸尔特方法，最后都将面对增量线性方程。以高斯—牛顿法为例，可以得到如下方程

$$\boldsymbol{J}^{\mathrm{T}} \boldsymbol{J} \Delta x = -\boldsymbol{J}^{\mathrm{T}} f(x) \tag{5-43}$$

将变量归类为位姿和空间点两种，所以雅可比矩阵可以分块为

$$\boldsymbol{J} = \begin{bmatrix} \boldsymbol{F} & \boldsymbol{E} \end{bmatrix} \tag{5-44}$$

将式（5-43）中左边的系数定义为 H，右边定义为 g，可以写成下式

$$H\Delta x = g \tag{5-45}$$

当然在列文伯格—马夸尔特方法中也需要计算这个矩阵。不难发现，因为考虑了所有的优化变量，这个线性方程的维度将非常大，包含了所有的相机位姿和路标点。尤其是在视觉 SLAM 中，一幅图像就会提出数百个特征点，大大增加了这个线性方程的规模。如果直接对 H 求逆来计算增量方程，这是非常消耗计算资源的。幸运的是，这里的 H 矩阵是有一定的稀疏性的，利用稀疏性可以加速求解过程。

3. 位姿图优化

带有相机位姿和空间点的图优化能够有效地求解大规模的定位与建图问题。但是随着机器人建图的规模越来越大，机器人地图中的轨迹也将会随之越来越长，这就导致后期 BA 算法效率越来越低。特征点的优化问题是整个优化问题的重点，而在实际运行过程中，收敛的特征点空间位置会收敛至一个固定的值，而发散的点一直就观测不到。如果再对收敛的特征点进行优化就会造成计算资源浪费，所以更加希望在对收敛的点优化几次后将它们固定住，并且只将它们当作位姿估计的约束，不再对其位置进行优化。

由于特征点的数量远远大于位姿节点，即使在矩阵稀疏性的前提下，BA 算法在一般的 CPU 中也很难达到实时的应用。因此当机器人在更大范围的时间和空间中运动时，必须要考虑如何解决这个问题，要么丢弃一些历史数据，要么舍弃对路标点位置的优化，只考虑关键帧的位姿。

在图优化中的节点和边分别表示相机的位姿向量 $\xi_1, \cdots, \xi_n$ 以及位姿节点之间相对运动的估计，可以通过特征点法、直接法来求解。若 ξ_i 和 ξ_j 之间存在一个运动 $\Delta\xi_{ij}$，这个运动可表示为

$$\Delta\xi_{ij} = \xi_i^{-1} \circ \xi_j = \ln\left(\exp\left((-\xi_i)^\wedge\right)\exp(\xi_j^\wedge)\right)^\vee \tag{5-46}$$

式中，$\wedge$ 符号表示将一个向量变成反对称矩阵，对于任意反对称矩阵，亦能找到一个与之对应的向量，把这个运算用符号 $\vee$ 表示。

或将上式换成李群的写法

$$\Delta T_{ij} = T_i^{-1} T_j \tag{5-47}$$

式中，T_i 和 T_j 分别表示位姿到 ξ_i 和 ξ_j 时的一个变换矩阵；ΔT_{ij} 表示位姿从 ξ_i 到 ξ_j 的变换矩阵。

由于上述等式在实际环境中不会精确成立，所以设立最小二乘误差，并以此来讨论关于优化变量的导数。将上述公式中的 ΔT_{ij} 移至等式右侧，使等式左边为 I，求对数为 0，以此构建误差 e_{ij}，对于 $\Delta\xi_{ij}$ 同理

$$\begin{aligned} e_{ij} &= \ln\left(T_{ij}^{-1} T_i^{-1} T_j\right)^\vee \\ &= \ln\left(\exp\left((-\xi_{ij})^\wedge\right)\exp\left((-\xi_i)^\wedge\right)\exp(\xi_j^\wedge)\right)^\vee \end{aligned} \tag{5-48}$$

注意上式中的待优化变量有两个：ξ_i 和 ξ_j，求解 e_{ij} 关于这两个量的导数，按照李代数的求导方式，给 ξ_i 和 ξ_j 各一个左扰动：$\delta\xi_i$ 和 $\delta\xi_j$，所以误差变为

$$\hat{e}_{ij} = \ln\left(T_{ij}^{-1} T_i^{-1}\exp\left((-\delta\xi_i)^\wedge\right)\exp(\delta\xi_j^\wedge) T_j\right)^\vee \tag{5-49}$$

在上式中，两个扰动被夹在了中间，将扰动项移至两侧，根据伴随性质，可以得到

$$\exp((Ad(\boldsymbol{T})\xi)^\wedge) = \boldsymbol{T}\exp(\xi^\wedge)\boldsymbol{T}^{-1} \tag{5-50}$$

其中 $Ad(\boldsymbol{T}) = \begin{bmatrix} \boldsymbol{R} & t^\wedge \boldsymbol{R} \\ 0 & \boldsymbol{R} \end{bmatrix}$，$\boldsymbol{R}$ 是旋转矩阵，t 是平移向量。

稍加整理可以得到

$$\exp(\xi^\wedge)\boldsymbol{T} = \boldsymbol{T}\exp((Ad(\boldsymbol{T}^{-1})\xi)^\wedge) \tag{5-51}$$

上式表明，通过引入伴随项可以交换扰动项左右侧的 $\boldsymbol{T}$，利用它可以将扰动移到最后，导出右乘形式的雅可比矩阵

$$\begin{aligned}
\hat{e}_{ij} &= \ln(\boldsymbol{T}_{ij}^{-1}\boldsymbol{T}_i^{-1}\exp((-\delta\xi_i)^\wedge)\exp(\delta\xi_j^\wedge)\boldsymbol{T}_j)^\vee \\
&= \ln(\boldsymbol{T}_{ij}^{-1}\boldsymbol{T}_i^{-1}\boldsymbol{T}_j\exp((-Ad(\boldsymbol{T}^{-1})\xi)^\wedge)\exp(Ad(\boldsymbol{T}^{-1})\delta\xi_j)^\wedge)_\vee \\
&\approx \ln(\boldsymbol{T}_{ij}^{-1}\boldsymbol{T}_i^{-1}\boldsymbol{T}_j[I - (Ad(\boldsymbol{T}^{-1})\delta\xi_i)^\wedge + (Ad(\boldsymbol{T}^{-1})\delta\xi_j)^\wedge])^\vee \\
&\approx e_{ij} + \frac{\partial e_{ij}}{\partial\delta\xi_i}\delta\xi_i + \frac{\partial e_{ij}}{\partial\delta\xi_j}\delta\xi_j \tag{5-52}
\end{aligned}$$

按照李代数上的求导法则，可以求出误差关于两个位姿的雅可比矩阵，关于 $\boldsymbol{T}_i$ 和 $\boldsymbol{T}_j$ 的分别是

$$\frac{\partial e_{ij}}{\partial\delta\xi_i} = -J_r^{-1}(e_{ij})Ad(\boldsymbol{T}_i^{-1})$$

$$\frac{\partial e_{ij}}{\partial\delta\xi_j} = -J_r^{-1}(e_{ij})Ad(\boldsymbol{T}_j^{-1}) \tag{5-53}$$

由于李群上的雅可比矩阵比较复杂，这里主要取它们的近似，如果误差接近零，就可以设它们近似为 I 或

$$J_r^{-1}(e_{ij}) \approx I + \frac{1}{2}\begin{bmatrix} \hat{\phi e} & \hat{\rho e} \\ 0 & \hat{\phi e} \end{bmatrix} \tag{5-54}$$

理论上讲，即使在优化之后，由于每条给定的观测数据并不一致，误差通常也近似于零，所以简单地把这里的 J_r 设置为 I 会有一定的损失。

剩下的部分就和普通的图优化一样，所有的位姿顶点和位姿以及位姿边构成了一个图优化，本质上还是一个最小二乘问题，优化变量为各个顶点的位姿，边来自于位姿观测约束，记 ε 为所有边的集合，那么目标函数为

$$\min_\xi \frac{1}{2}\sum_{i,j\in\varepsilon}\left(e_{ij}^{\mathrm{T}}\sum_{ij}^{-1}e_{ij}\right) \tag{5-55}$$

其中，$\sum_{ij}^{-1}$ 对应的是残差的方差。

5.2.4 回环检测

回环检测是 SLAM 中的另一个重要模块，SLAM 主体（前端、后端）的目的是估计相机运动，而回环检测模块的目的是优化全局估计的误差。无论是目标上还是方法上，都与前面讲的内容相差较大，所以回环检测通常也被认为是一个独立的模块。

1. 回环检测的意义

前面主要介绍了 SLAM 中的前端和后端，前端提供特征点的提取和轨迹、地图的

初值，而后端负责对所有这些数据进行优化。然而，如果跟视觉里程计一样仅仅考虑相邻时间上的关联，那么将导致之前产生的误差累积到下一时刻，这将会导致整个SLAM 出现累积误差，长时间运行将不可靠，无法构建全局一致的轨迹和地图。

虽然后端能够估计最大后验误差，但数据上只有相邻关键帧的数据，无法显出累积误差。但是回环检测模块能够给出除了相邻帧之外的一些时隔更远的约束。这主要是因为回环检测可以察觉到相机是否经过了同一个地方，采集到了相似的数据。一旦能够成功的检测到，就可以为后端的图优化提供更多的有效数据，使之得到更好的估计，特别是得到一个全局一致的估计。

回环检测对于 SLAM 系统意义重大，它关系到估计的轨迹和地图在长时间运行下的正确性。另一方面，由于回环检测提供了当前数据与所有历史数据的关联，在跟踪算法丢失后，还可以利用回环检测进行重定位。所以，回环检测对整个 SLAM 系统精度与稳定性的提升非常明显。

2. 回环检测基本方法

回环检测最简单的方法就是对任意两幅图像都做一遍特征匹配，根据正确匹配的数量确定哪两幅图像存在关联。这样做的主要缺点在于，盲目的假设了任意两幅图像都可能存在回环，使得检测的数量太大，同时随着轨迹的不断增长，在实时的系统中往往是不实用的。另一种方式是，随机抽取历史数据并进行回环检测，这种做法能够维持常数时间的运算量，但是随着轨迹的变长抽到回环的几率大幅度下降，使得检测效率大打折扣。

在实际检测时，知道"哪里可能出现回环"，可有效减少回环检测的盲目性。这种思路主要有两种方法：基于里程计的几何关系或者基于外观。

一种方法是基于几何关系，当发现当前相机到了之前的某个位置附近时，检测它们有没有回环关系，但是由于累积误差的存在，往往没有办法正确地发现"到了之前访问过的某个位置附近"这个事实，回环检测也就无从谈起。可以发现这种做法在逻辑上存在一定的问题，因为回环检测的目标在于发现"相机回到之前位置"的事实，最终消除累积误差。

另一种方法是基于外观，它和前端、后端的估计都无关，仅仅根据两幅图像的相似性确定回环检测关系。这种做法摆脱了累积误差，使回环检测模块成为 SLAM 系统中一个相对独立的模块。基于外观的回环检测核心问题是如何计算图像间的相似性，一种最直观的思路是：像视觉里程计那样使用特征点来做回环检测，对两幅图像的特征点进行匹配，只要匹配数量大于一定的值，就认为出现了回环。进一步，根据特征点匹配，还可以计算出这两幅图像之间的运动关系。当然这种做法会存在一些问题，例如，特征的匹配会比较费时，当光照变化时特征描述可能不稳定等。

3. 词袋模型

词袋（Bag-of-Words，BoW）是在图像中用哪几种特征来描述一幅图像。例如，一张图片中有一个人、一辆车；而另一张图片中有一匹马、三个人。根据这样的描述，就可以用来度量这两幅图像的相似性，人、车、马等概念对应于词袋模型中的"单词"，许多单词放在一起组成了"字典"。确定一幅图像中出现了哪些在字典中定义的概念，用单词出现的情况来描述整幅图像，以此来把这幅图像转换成一个向量描述，最后比较这个向量描述的相似程度。

以上面举的例子来说，首先通过某种方法得到了一本字典。字典上记录了许多的单词，每个单词都有一定的意义，如上面所用到的人、车、马都是记录在字典中的单词，把它们分别记为 ω_1，ω_2，ω_3，然后假设图像 A 中有一个人和一辆车，根据它所含有的单词，可以记为

$$A = 1 \cdot \omega_1 + 1 \cdot \omega_2 + 0 \cdot \omega_3 \tag{5-56}$$

字典是固定的，所以只要用 $\begin{bmatrix} 1 & 1 & 0 \end{bmatrix}^{\mathrm{T}}$ 这个向量就可以表达 A 的意义。通过字典和单词，只需要一个向量就可以描述整个图像了。该向量描述的是"图像是否含有某类特征"信息，比单纯的灰度值更加稳定。又因为描述向量说的是"是否出现"，而不管它们"在哪儿出现"，所以与物体的空间位置和排列顺序无关，因此在相机发生少量运动时，只要物体仍然在视野中出现，就仍然保证描述向量不发生变化，这种只考虑单词的有无而不考虑其顺序的做法，通常称之为词袋模型，其中字典就是一个类似于单词的集合。

同理，假设图 B 中有三个人和一匹马可以用 $\begin{bmatrix} 3 & 0 & 1 \end{bmatrix}^{\mathrm{T}}$ 来描述。如果只考虑是否出现而不考虑数量，也可以是 $\begin{bmatrix} 1 & 0 & 1 \end{bmatrix}^{\mathrm{T}}$，这时候这个向量就是二值的。于是根据这两个向量，设计一个计算式来确定图像间的相似性。对两个向量求差方法有多种，如对于 $a, b \in \mathbb{R}^w$，可以计算：

$$s(a,b) = 1 - \frac{1}{w} \|a - b\|_1 \tag{5-57}$$

其中，范数取 L_1 范数，即各元素绝对值之和。在两个向量完全一致时，将得到 1；完全相反时得到 0。这样就定义了两个描述向量之间的相似性，也就定义了图像之间的相似程度。

4. 字典

字典由多个单词组成，每一个单词代表了一个概念。一个单词与一个单独的特征点不同，它不是从单幅图像上提取出来的，而是某一类特征的组合。所以，字典生成问题类似于一个聚类问题。

聚类问题在无监督机器学习中特别常见，用于机器自行寻找数据的规律。BoW 的字典生成问题亦属于其中之一。首先，假设对大量的图像提取特征点，比如说有 N 个，现在想构建一个有 K 个单词的字典，这时可用 K-means 算法解决。每个单词可以看作局部相邻特征点的集合，于是问题变成了根据图像中某个特征点查找字典中相应的单词。

一种朴素的思想：只要和每个单词进行比对，取最相似的那个就可以。考虑到字典的通用性，通常会使用一个较大规模的字典，以保证当前使用环境中的图像特征都曾在字典里出现，或至少有相近的。如果字典排过序，那么二分查找显然可以提升查找率，达到对数级别的复杂度。这里介绍一种较为简单实用的树结构，使用一种 K 叉树来表达字典，如图 5-11 所示。假定有 N 个特征点，希望构建一个深度为 d，每次分叉为 K 的树，做法如下：

1）在根节点，用 K-means 把样本聚类成 K 类，得到第一层。

2）对第一层的每个节点，把属于该节点的样本再聚类成 K 类，得到下一层。

3）以此类推，最后得到叶子层。叶子层即为所谓的单词（word）。

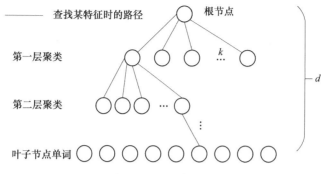

图 5-11　*K* 叉树字典

实际上，最终在叶子层构建了单词，而树结构中的中间节点仅供快速查找时使用。这样一个 k 分支，深度为 d 的树，可以容纳 k^d 个单词。另一方面，在查找某个给定特征对应的单词时，只需要将它与每个中间节点的聚类中心比较，即可找到最后的单词，保证了对数级别的查找效率。

5. 相似度计算

有了字典之后，给定任意特征 f_i，只要在字典树中逐层查找，最后都能找到与之对应的单词 w_i，当字典足够大时，可以认为 f_i 和 w_i 来自同类物体。那么假设一幅图像中提取了 N 个特征，找到这 N 个特征对应的单词后，就相当于拥有了该幅图像在单词列表中的分布。常用的检索做法为词频-逆文本频率指数（Term Frequency-Inverse Document Frequency，TF-IDF）。TF 部分思想是，某单词在一幅图像中经常出现，它的区分度就高。IDF 的思想是，某单词在字典中出现的频率越低，则分类图像时区分度就越高。

在词袋模型中，在建立字典时可以考虑 IDF 部分，统计某个叶子节点 w_i 中的特征数量相对于所有特征数量的比例，作为 IDF 部分。假设总特征数量为 n，w_i 特征数量为 n_i，那么该单词的 IDF 为

$$IDF_i = \log \frac{n}{n_i} \tag{5-58}$$

另一方面，TF 部分则是指某个特征在单幅图像中出现的频率。假设图像 A 中单词 w_i 出现 n_i 次，而一共出现的单词次数为 n，那么 TF 为

$$TF_i = \frac{n_i}{n} \tag{5-59}$$

于是 w_i 的权重等于 TF 乘 IDF 之积

$$\eta_i = TF_i \times IDF_i \tag{5-60}$$

考虑权重之后，对于某一幅图像 A，它的特征点可对应到许多个单词并组成它的词袋

$$A = \{(w_1, \eta_1), (w_2, \eta_2), \cdots, (w_N, \eta_N)\} \triangleq \boldsymbol{v}_A \tag{5-61}$$

由于相似的特征可能落在同一类中，因此实际的 $\boldsymbol{v}_A$ 中会存在大量的 0。无论如何，通过词袋用单个向量 $\boldsymbol{v}_A$ 描述了一幅图像 A，这个向量 $\boldsymbol{v}_A$ 是一个稀疏的向量，它

的非零部分指示了图像 A 中含有哪些单词，而这些部分的值为 TF-IDF 的值。

在给定 v_A 和 v_B 时，可以通过 L_1 范数形式计算它们的差异

$$s(\boldsymbol{v}_A - \boldsymbol{v}_B) = 2 \sum_{i=1}^{N} |\boldsymbol{v}_{Ai}| + |\boldsymbol{v}_{Bi}| - |\boldsymbol{v}_{Ai} - \boldsymbol{v}_{Bi}| \tag{5-62}$$

在检测回环时，必须考虑到关键帧的选取。如果关键帧选得太近，那么导致两个关键帧之间的相似性过高，相比之下不容易检测出历史数据中的回环。比如检测结果经常是第 n 帧和第 $n-2$ 帧、$n-3$ 帧最为相似，这种结果意义不大。所以，用于回环检测的帧最好是稀疏一些，彼此之间不太相同，又能涵盖整个环境。另一方面，如果成功检测到回环，比如说出现在第 1 帧和第 n 帧，那么很可能第 $n+1$ 帧、$n+2$ 帧都会和第 1 帧构成回环。但是，确认第 1 帧和第 n 帧之间存在回环，对轨迹优化是有帮助的，但再接下去的第 $n+1$ 帧、$n+2$ 帧都会和第 1 帧构成回环，这个意义已经不大了，因为已经用之前的信息消除了累计误差，更多的回环并不会带来更多的信息。

5.3 MonoSLAM 算法

5.3.1 MonoSLAM 背景

MonoSLAM 是由 Andrew J. Davison 等人在 2007 年提出的一种在未知场景中恢复单目相机 3D 移动轨迹的实时算法。该方法的核心是在概率框架内在线创建一个稀疏持久的地图路标。MonoSLAM 算法的主要特点包括：

1）采用一种主动的地图构建与测量方法。

2）使用一般的平滑相机运动模型来捕捉视频流中固有的动力学先验信息。

3）彻底解决单目特征初始化问题。

Andrew J. Davison 等人认为，在闭环系统中实时性是必须满足的，不过最关键的是"知道自己位置"而不是"构建出所需的地图"。尽管这两个问题同时存在，但是 Davison 等人关注的是以定位结果作为输出。虽然地图也会构建，不过它是一个为了定位而优化的地标稀疏地图，MonoSLAM 系统框架如图 5-12 所示。

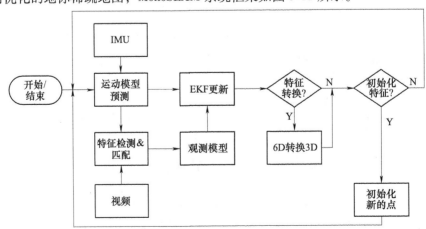

图 5-12 MonoSLAM 系统图

5. 3. 2 MonoSLAM 算法

1. 概率三维地图

MonoSLAM 是基于概率特征的建图，地图中的信息代表相机状态和所有感兴趣特征的当前估计，还代表这些估计中的不确定性。地图在系统启动时初始化，并持续到结束，但随着扩展卡尔曼滤波器的更新，它会不断地动态演变。相机和特征的概率状态估计在相机运动和特征观测期间被更新。当观测到新的特征时，地图会以新的状态进行拓展。该地图的概率特征不仅在于随着时间的推移，可以获得相机状态和地图特征的平均"最佳"估计值，而且描述与这些值可能偏离大小的一阶不确定性分布。地图可以用状态向量 x 和协方差矩阵 P 表示。状态向量 x 由相机和特征状态的估计组成，P 是等维的方阵

$$x = \begin{bmatrix} x_v & y_1 & y_2 & \cdots \end{bmatrix}^{\mathrm{T}} \tag{5-63}$$

$$P = \begin{bmatrix} P_{xx} & P_{xy_1} & P_{xy_2} & \cdots \\ P_{y_1x} & P_{y_1y_1} & P_{y_1y_2} & \cdots \\ P_{y_2x} & P_{y_2y_1} & P_{y_2y_2} & \cdots \\ \vdots & \vdots & \vdots & \end{bmatrix} \tag{5-64}$$

其中，相机的状态向量 x_v 包括 3D 位置向量 r^W、方位四元数 q^{WR}、速度向量 v^W、角速度向量 ω^R，变量上标表示相对于固定世界坐标系 W 或相机携带的"机器人"坐标系 R，于是有

$$x_v = \begin{bmatrix} r^W \\ q^{WR} \\ v^W \\ \omega^R \end{bmatrix} \tag{5-65}$$

特征的几何坐标框架定义在图 5-13 世界坐标系 (x^W, y^W, z^W) 与相机坐标系 (x^R, y^R, z^R) 中。图中 r^w 和 y_i^w 分别表示相机和环境特征在世界坐标系下的位置向量，h_L^R 表示环境特征在相机坐标系下的位置向量。

MonoSLAM 建立地图的主要作用是允许实时的定位而不是去完全描述场景，因此它的目标是获取高质量"地标"稀疏集合。假设场景每个地标是静止固定的，且分别对应于三维

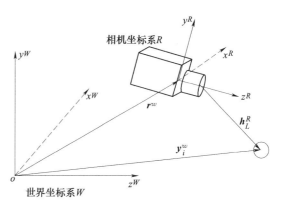

图 5-13　世界坐标系与相机坐标系

空间分布的点特征，相机视作刚体，需要通过平移、旋转参数来描述相机的位置，同时估计相机运动时的线速度和角速度。在时序建图中，用相机同时观测空间距离较近的特征时，它们的位置估计区分度大，而相对于全局坐标系的这些特征作为整体的位置估计则不然。相机可自由地在 3D 空间中移动和旋转，单个的特征会在不同视频图

像中进入和离开视野，同时不同深度的各种特征集将随着相机旋转变得相互可见，许多不同尺寸大小、内部互连模式的回路自然而然地形成闭合。MonoSLAM 选择使用标准的全协方差 EKF 方法来进行 SLAM，图 5-14 表示所有的几何估计被代表不确定性的椭球区域所包围。

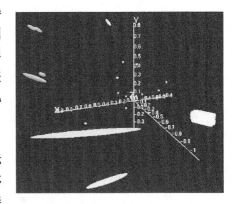

图 5-14 概率 3D 地图

2. 自然视觉路标

相对较大的图像块更适合作为持久的路标特征，在 MonoSLAM 算法中，当相机作大位移和旋转时，通过使用相机位置信息进一步改善匹配精度，从而显著提升该特征识别能力。

显著图像区域最初是使用 Shi 和 Tomasi 的检测算子从相机获得的单色图像中自动检测出的。MonoSLAM 的目标是在相机剧烈运动下能够重复识别一样的视觉地标，考虑到在相机很小程度的运动后地标的外观很可能发生明显变化，采用直接 2D 模板匹配效果不明显，为此假定每一个特征都在一个局部平面上，这比假定局部图像外表始终保持不变要好很多。此外，由于不知道此局部平面的方位，在初始化阶段，认为局部平面的法向与特征到相机的矢量相平行。一旦特征的 3D 位置和深度完全初始化，每个特征会被存储为定向的平面纹理。当从相机新的位置进行特征测量时，局部图像可以从三维投影到图像平面，以产生用于与真实图像匹配的模板，此模板是首次检测到该特征时所捕获的最初方形模板的扭曲形式，具有剪切和透视畸变特性。

3. 系统初始化

在多数 SLAM 系统中，机器人在启动时对周围环境是未知的，这样就可以任意定义一个坐标帧，在这个帧内来估计它的运动并构建地图，同时，固定这个坐标帧作为机器人起始位置，定义为原点。在单目相机 SLAM 算法中，初始化时通常在相机前面放置一个已知物体作为先验信息。主要原因如下：

1）在单目相机 SLAM 中，没有直接的方法来测量特征深度或里程信息。然而若从已知尺寸的目标开始，可以给估计的地图和运动设置一个比较精确的比例尺度（scale）。当已知比例尺度信息时，若地图需与其他信息（如运动动力学或特征深度）相关时，这会使后续的估计相对精确。

2）初始化时，已知特征信息可有助于直接进入预测、测量、更新的模式。使用单个相机，由于深度未知，仅通过一次测量无法将特征完全初始化到地图中，将无法匹配特征来估计从第 1 帧到第 2 帧的相机运动。

图 5-15 给出了一个关于目标跟踪初始化例子。黑色矩形的四角代表已知特征，对应的精确测量位置在系统启动时被置入到地图中，同时，这些特征定义了 SLAM 的世界坐标帧。跟踪第 1 帧时，相机相对于目标可能得到一个初

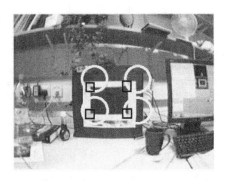

图 5-15 跟踪初始化案例

始的近似位置。状态矢量中，相机的初始位置往往会赋予一定的不确定性偏差，有助于在第 1 帧跟踪时就能锁定目标。

4. 运动模型和预测

MonoSLAM 采用恒定速度、恒定角速度模型，在每个采样时刻，均值为 0，服从高斯分布的未知加速度 a^W 和角加速度 α^R 会引起速度 V^W 和角速度 Ω^R 脉冲增量

$$\boldsymbol{n} = \begin{bmatrix} V^W \\ \Omega^R \end{bmatrix} = \begin{bmatrix} a^W \Delta t \\ \alpha^R \Delta t \end{bmatrix} \tag{5-66}$$

假设上述噪声 $\boldsymbol{n}$ 协方差矩阵是对角阵，状态更新方程为

$$\boldsymbol{f}_v = \begin{bmatrix} r_{new}^W \\ q_{new}^{WR} \\ v_{new}^W \\ \omega_{new}^R \end{bmatrix} = \begin{bmatrix} r^W + (v^W + V^W)\Delta t \\ q^{WR} \times q((\omega^R + \Omega^R)\Delta t) \\ v^W + V^W \\ \omega^R + \Omega^R \end{bmatrix} \tag{5-67}$$

式中，$q((\omega^R + \Omega^R)\Delta t)$ 表示方位四元数，通常由角轴旋转矢量 $(\omega^R + \Omega^R)\Delta t$ 定义。

在 EKF 递推过程中，新的状态估计会受到过程噪声协方差的影响，可通过雅可比矩阵计算得到噪声协方差 O_v

$$\boldsymbol{Q}_v = \frac{\partial \boldsymbol{f}_v}{\partial \boldsymbol{n}} P_n \frac{\partial \boldsymbol{f}_v}{\partial \boldsymbol{n}}^{\mathrm{T}} \tag{5-68}$$

式中，P_n 表示噪声向量 $\boldsymbol{n}$ 协方差。

该运动模型中不确定性由 P_n 的大小决定，设定参数值大小决定运动平滑程度。对于小的 P_n，会表现出一个非常平稳的小加速度运动，并且能够很好地跟踪这种类型的运动，但不能跟踪快速运动目标；大的 P_n 意味着系统不确定性显著增加，虽然这提供了应对跟踪快速加速目标的能力，但这对测量精确性提出了更高要求。

5. 主动特征测量与地图更新

MonoSLAM 算法采用了预测方法（也称主动方法）来得到每一个特征的图像位置，这比模板扫描和匹配整个图像方法的效率要高。首先，利用相机位置的估计值 r^W 和特征位置估计值 $\boldsymbol{y}_i^W$ 可得到点特征相对于相机的位置 $\boldsymbol{h}_L^R$

$$\boldsymbol{h}_L^R = \boldsymbol{R}^{RW}(\boldsymbol{y}_i^W - \boldsymbol{r}^W) \tag{5-69}$$

式中，$\boldsymbol{R}^{RW}$ 表示相机的旋转矩阵。

图像中特征的位置 (u, v) 可以通过标准的针孔模型得到

$$\boldsymbol{h}_i = \begin{bmatrix} u \\ v \end{bmatrix} = \begin{bmatrix} u_0 - fk_u \dfrac{h_{Lx}^R}{h_{Lz}^R} \\ v_0 - fk_v \dfrac{h_{Ly}^R}{h_{Lz}^R} \end{bmatrix} \tag{5-70}$$

式中，fk_u，fk_v，u_0，v_0 是标准相机校准参数。

MonoSLAM 使用径向畸变来扭曲透视几何投影坐标 $\boldsymbol{u} = (u, v)$，获得最终预测的图像位置 $\boldsymbol{u}_d = \begin{bmatrix} u_d & v_d \end{bmatrix}^{\mathrm{T}}$，所采用径向畸变模型如下

$$u_d - u_0 = \frac{u - u_0}{\sqrt{1 + 2K_1 r^2}} \tag{5-71}$$

$$v_d - v_0 = \frac{v - v_0}{\sqrt{1 + 2K_1 r^2}} \tag{5-72}$$

式中，（K_1 为径向畸变系数）

$$r = \sqrt{(u - u_0)^2 + (v - v_0)^2} \tag{5-73}$$

上述两步投影函数的雅可比矩阵可以得到特征在图像上位置预测的不确定性，用 2×2 的对称信息协方差矩阵 S_i 表示

$$S_i = \frac{\partial \boldsymbol{u}_{di}}{\partial x_v} P_{x,x} \frac{\partial \boldsymbol{u}_{di}^{\mathrm{T}}}{\partial x_v} + \frac{\partial \boldsymbol{u}_{di}}{\partial x_v} P_{x,y_i} \frac{\partial \boldsymbol{u}_{di}^{\mathrm{T}}}{\partial y_i} + \frac{\partial \boldsymbol{u}_{di}}{\partial y_i} p_{y_i,x} \frac{\partial \boldsymbol{u}_{di}^{\mathrm{T}}}{\partial x_v} + \frac{\partial \boldsymbol{u}_{di}}{\partial y_i} P_{y_i,y_i} \frac{\partial \boldsymbol{u}_{di}^{\mathrm{T}}}{\partial y_i} + R \tag{5-74}$$

式中，R 表示观测噪声协方差。

6. 特征初始化

单目相机并不能通过特征的观测直接给出特征的位置，主要是由于特征的深度是未知的。估计特征的深度一般需要相机作相应的运动，并从不同的视角来观测特征。MonoSLAM 中，在新特征首个测量和确认后，在地图中初始化一条 3D 线并使得该特征在此线上。这是一条半无限线，起点为相机的估计位置，沿着特征点视觉方向并指向无穷远处。在 SLAM 地图中表示如下

$$y_{pi} = \begin{bmatrix} r_i^W \\ \hat{\boldsymbol{h}}_i^W \end{bmatrix} \tag{5-75}$$

式中，r_i^W 是相机位置，$\hat{\boldsymbol{h}}_i^W$ 是描述方向的单位向量。

特征点所有可能的 3D 位置都在这条线上，但深度未定。为此，在这条线上可以构建一维的关于深度的概率密度函数，并假设服从均匀分布，于是可用一维的粒子分布或直方图来表示。认为当这个新特征被重新观测到时，它的图像位置的测量只提供深度坐标的信息，忽略对线的参数的影响。这是由于与直线方向的不确定性相比，深度的不确定性更大。这种将特征用一条线和一组深度假设来表示的方式，称为部分初始化。一旦获得良好的深度估计，即带峰值的深度概率密度函数形式，就使用标准的 3D 高斯形式来表示该特征，称为"完全初始化"。

在随后的每一个时间步长中，这些假设都投影到图像中进行测试。每一个假设都被简化为一个椭圆搜索区域，由离散深度假设 λ、3D 的世界坐标 $y_{\lambda i} = r_i^W + \lambda \hat{h}_i^W$ 来确定。MonoSLAM 算法在这组椭圆上用相同的特征模板进行关联搜索，椭圆间重叠率高，每个椭圆内的特征匹配结果为每个椭圆计算出一个概率，其概率通过贝叶斯规则重新加权，似然度定义了该椭圆搜索区域的概率。

7. 地图管理

整个算法的一个重要部分是对地图特征数量的管理，需要动态地决定何时应该识别和初始化新特征，何时需要删除某个特征。地图维护的标准旨在使从任何相机位置所见的可靠特征的数量接近预定值，该预定值由测量过程的细节、所需的定位精度和

可用的计算能力决定。

特征"可见性"是根据相机与特征的相对位置以及该特征初始化时所保存的相机位置来计算的。特征的预测位置必须在图像中,并且相机不能移动太大,否则会认为关联失败。只有当相机经过的区域中可见的特征数量小于该阈值时,才会将特征添加到地图中。若某一特征应该可见,但经过多次的检测和匹配尝试后,超过 50% 匹配不成功,则可从地图中删除该特征。经过一段时间后,地图管理实质就是特征的"自然选择"过程,逐步形成了稳定、静态、可广泛观测的点特征地图。

8. 特征方位估计

由于特征与三维空间中的局部平面区域相对应,所以当相机移动时,它的外观会随着视角的变化而改变。扭曲的量化取决于相机的初始和当前位置、特征中心的三维位置以及其局部表面的方位。SLAM 系统提供了实时的相机位姿和 3D 特征位置的估计,同时,为每一个特征点都保留了相机初始位置和局部平面方位的估计。通过对当前的扭曲进行测量,并利用预测与测量的差值来更新平面方位估计。图 5-16 示例了相机在两个不同位置观测定向平面几何态势,于是,扭曲可由单应性来描述

$$H = CR[\,\boldsymbol{n}^{\mathrm{T}}x_p\boldsymbol{I} - t\boldsymbol{n}^{\mathrm{T}}\,]\,C^{-1} \tag{5-76}$$

式中,C 是相机的校正矩阵;R 和 t 描述相机的运动;$\boldsymbol{n}$ 是平面法向量;x_p 是平面区域中心在图像上的投影;$\boldsymbol{I}$ 是 3×3 的单位矩阵。

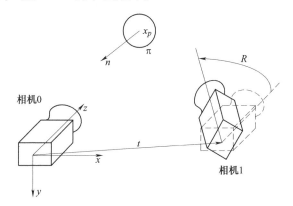

图 5-16   相机在两个不同几何位置观测同一个平面区域

假设外观预测能保证特征的当前图像位置可定位,下一步则是测量预测模板和当前图像之间的扭曲变化。通过假设扭曲变化小,并采用概率逆合成梯度下降(Probabilistic Inverse-compositional Gradient-descent)图像对齐步骤进行搜索来达到全局最佳拟合。

图 5-17 给出了特征方位估计的步骤。当一个新的特征被添加到地图中时,可得到表面法线的初始估计,即该表面法线平行于当前观察方向,同时假设特征法线的估计与相机和特征位置的估计相关。因此,法线估计不会存储在主 SLAM 状态向量中,但会为每一个特征保存在一个独立的双参数 EKF 中。值得注意的是,MonoSLAM 中的特征方位估计主要是用来提高相机的活动范围,这样一直能测量到长期标记点。

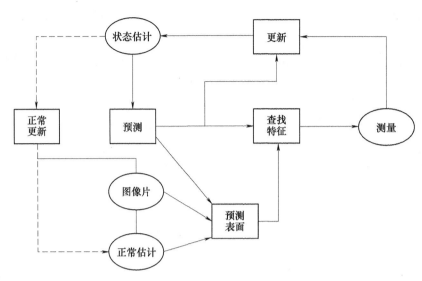

图 5-17　平面特征表面三维方位估计流程

5.3.3　MonoSLAM 功能包的安装

1）安装与开发相关的软件包，命令如下：

$ sudo apt-get install build-essential

$ sudo apt-get install git cmake

$ sudo apt-get install freeglut3-dev libglu-dev libglew-dev

$ sudo apt-get install ffmpeg libavcodec-dev libavutil-dev libavformat-dev libswscale-dev

monoslam

安装 1

2）安装 Engen3，命令如下，它是一个开源线性库，可进行矩阵运算。

$ sudo apt-get install libeigen3-dev

3）安装 Boost：

$ sudo apt-get install libboost-all-dev

monoslam

安装 2

4）安装 OpenCV，用于处理图像和特征。

● 安装依赖项：

$ sudo apt-get install build-essential

$ sudo apt-get install cmake git libgtk2.0-dev pkg-config libavcodec-dev libavformat-dev libswscale-dev

$ sudo apt-get install python-dev python-numpy libtbb2 libtbb-dev libjpeg-dev libpng-dev libtiff-dev lib-jasper-dev libdc1394-22-dev

● 将 OpenCV 2.4.11 安装包解压到本地：

~/catkin _ ws/src

● 编译安装：

$ cd ~/catkin _ ws/src/opencv

$ mkdir build

```
$ cd build
$ cmake-D CMAKE _ BUILD _ TYPE＝Release － D CMAKE _ INSTALL _ PREFIX＝/usr/local ..
$ make
$ sudo make install
```

5）安装 Pangolin 作为可视化和用户界面。

- 安装依赖项：

```
$ sudo apt-get install libglew-dev libpython2. 7-dev
```

monoslam
安装 3

- 从 Github 将项目下载到本地：

```
$ cd ~/catkin _ ws/src
$ git clone https://github. com/zzx2GH/Pangolin. git
```

monoslam
安装 4

- 编译安装：

```
$ cd Pangolin
$ mkdir build
$ cd build
$ cmake ..
$ make － j
$ sudo make install
```

6）安装 SceneLib2：

```
$ cd ~/catkin _ ws/src
$ git clone git://github. com/hanmekim/SceneLib2. git SceneLib2
$ cd SceneLib2
$ mkdir build
$ cd build
$ cmake ..
$ make
```

monoslam
安装 5

7）下载示例图像序列：

```
$ cd ~/catkin _ ws/src
$ mkdir my _ image _ directory
$ cd my _ image _ directory
$ wgetwww. doc. ic. ac. uk/~ajd/Scene/Release/testseqmonoslam. tar. gz
$ tar xvf testseqmonoslam. tar. gz
```

monoslam
安装 6

8）修改配置文件以使用示例图像序列：

```
$ gedit ~/catkin _ ws/src/SceneLib2/data/SceneLib2. cfg
```

monoslam
安装 7

input. mode＝0；
input. name＝/home/用户名/catkin_ws/src/my_image_directory/TestSeqMoNOSLAM；

input. name 后面的路径是下载的图像序列位置。下面是示例图像序列的默认相机参数：

cam. width = 320；

cam. height = 240；

cam. fku = 195；

cam. fkv = 195；

cam. u0 = 162；

cam. v0 = 125；

cam. kd1 = 9e-06；

cam. sd = 1；

9）运行 MonoSlamSceneLib1：

$ cd ~/catkin _ ws/src/SceneLib2/build/examples

$ ./MonoSlamSceneLib1

运行得到如图 5-18 所示的演示示例，界面左侧是操作按键，右侧是概率 3D 地图和演示图像序列，在单目相机中则是实时的摄像。

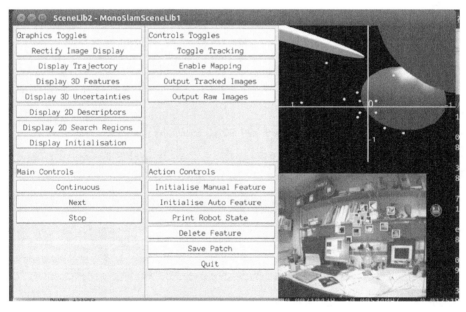

图 5-18　MonoSLAM 示例

5.3.4　MonoSLAM 实现

MonoSLAM 算法的源码地址为 https：//github. com/hanmekim/SceneLib2，下面对 MonoSLAM 中的部分代码进行简单介绍。

1. monoslam. cpp

（1）GoOneStep （ ）

作用：将 MonoSLAM 应用程序步进一帧，每次捕获一个新帧时都调用这个函数。其步骤如下：

1）进行卡尔曼滤波器预测。

2）选择一组特征，从中进行测量。

3）预测特征位置，并测量这些特征。

4）进行卡尔曼滤波器更新步骤。

5）删除所有错误的特征（反复匹配失败的特征）。

6）如果当前尚未初始化足够的新特征，同时相机正在移动，则在合理的地方初始化新的特征。

7）更新部分初始化的特征。

（2）elliptical _ search（ ）

作用：在椭圆区域内的图像中搜索 patch。其主要步骤如下：

1）限定搜索范围。

2）检查搜索的范围是否在图像区域内。

3）开始搜寻。

（3）make _ measurements（ ）

作用：测量所有当前选择的特征。其步骤如下：

1）使用 auto _ select _ n _ features（ ）自动选择特征，或者使用 select _ feature（ ）手动选择特征。

2）每个用于测量的特征通过 attempted _ measurements _ of _ feature（ ）和 successful _ measurements _ of _ feature（ ）计数更新。

（4）normalise _ state（ ）

作用：处理机器人状态需要归一化的情况。其步骤如下：

1）改变机器人状态向量。

2）改变机器人状态协方差。

3）改变机器人状态和特征之间的协方差。

（5）MatchPartiallyInitialisedFeatures（ ）

作用：尝试匹配部分初始化的特征，然后更新其特征分布。其步骤如下：

1）浏览所有部分初始化的特征，并确定要尝试观测的特征。

2）循环浏览部分初始化的功能特征。

3）在重叠的粒子椭圆上搜索此特征。

4）通过观测，更新粒子分布。

5）再次浏览特征并决定是否进行转换。

2. kalman. cpp

（1）KalmanFilterPredict（ ）

作用：卡尔曼滤波预测。主要计算步骤如下：

1）预测模型状态的均值。

2）预测模型状态的协方差。

3）计算模型状态与特征之间的协方差。

（2）KalmanFilterUpdate（ ）

作用：卡尔曼滤波器更新。主要计算步骤如下：

1）计算观测模型的状态协方差。

2）计算卡尔曼增益。

3）更新模型状态的均值。

4）更新模型状态的协方差。

下面将 MonoSLAM 运用到自己的单目相机上，首先打开配置文件：

$ gedit ~/catkin _ ws/src/SceneLib2/data/SceneLib2. cfg

注释示例图像序列中的配置，修改配置文件：

```
# to use a USB camera (Logitech V-U0009)
input. mode = 1;
input. name = convert:[fmt = RGB24]//v4l:///dev/video0;


cam. width = 320;
cam. height = 240;
cam. fku = 195;
cam. fkv = 195;
cam. u0 = 162;
cam. v0 = 125;
cam. kd1 = 1e-12;
cam. sd = 1;
```

monoslam

在线

连接好单目相机，运行 MonoSlamSceneLib1：

```
$ cd ~/catkin _ ws/src/SceneLib2/build/examples
$ ./MonoSlamSceneLib1
```

运行结果如图 5-19 所示。

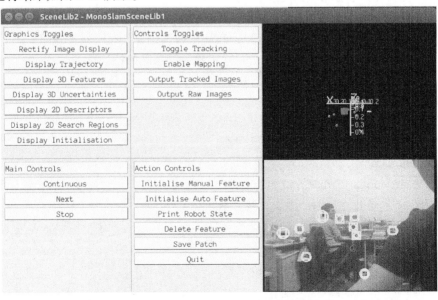

图 5-19　MonoSLAM 在未知实验环境下的运行

5.4 ORB-SLAM2 算法

5.4.1 ORB-SLAM2 背景

ORB-SLAM2 是一款基于单目、双目、RGB-D 相机的 SLAM 系统，它能够实现地图重用、回环检测和重新定位的功能。无论是在室内的小型手持设备，还是工厂环境中的无人机或者城市里驾驶的汽车，ORB-SLAM2 都能够在标准的 CPU 上进行实时工作。

ORB-SLAM2 在后端上采用的是基于单目和双目的集束优化（BA）的方式，这个方法能实现米级精度的轨迹估计。同时，ORB-SLAM2 包含一个定位模式，该模式能利用视觉里程计，在允许零点漂移的条件下进行特征点匹配。

5.4.2 ORB-SLAM2 算法

采用双目和 RGB-D 相机的 ORB-SLAM2 以单目 ORB-SLAM 为基础，ORB-SLAM2 由三个平行的线程组成：

1）针对局部地图的特征匹配，以及采用纯运动 BA 算法来最小化重投影误差，实现相机位姿定位和地图跟踪。

2）采用局部 BA 算法对所构建的局部地图进行管理与优化。

3）用回环检测来检测大的闭环，通过执行位姿图优化方法来纠正累计漂移误差。在位姿优化之后，执行全局 BA 算法，得到整个系统最优结构和运动解，如图 5-20 所示。

ORB-SLAM2 系统嵌入了一个基于 DBoW2 的位置识别模块，该模块主要用来跟踪失败时重新定位、在已知地图场景重新初始化、或用于回环检测。该系统保留了共视图，使得具有共同观测点的任两个关键帧产生关联，同时生成了最短长度的关键帧遍历树。这些图结构可以用来反求得到关键帧的局部窗口，以便于跟踪和局部建图，也可作为一种结构用于闭环操作中的位姿图优化。ORB-SLAM2 系统使用相同的 ORB 特征进行跟踪、建图和位置识别的任务，这些特征在旋转不变性和尺度不变性上有良好的鲁棒性，同时对相机的自动增益、自动曝光和光线的变化表现出良好的稳定性，能够迅速地进行特征提取和匹配，满足实时操作的需求。ORB-SLAM2 是 ORB-SLAM 升级版，同样包括跟踪、局部建图和闭环检测等线程。为此，首先介绍 ORB-SLAM 的主要线程，而后介绍基于双目和深度相机的 ORB-SLAM2 主要不同之处。

1. 跟踪线程

跟踪线程主要负责对每一帧图像的相机位姿进行定位，同时决策何时插入新的关键帧。相机位姿的计算具体实现为：对当前时刻的图像提取特征并与相近时刻图像进行匹配，匹配方法可以选用暴力匹配，最后根据匹配结果来计算相机位姿。当相机受到干扰或运动幅度过大时，可能会发生相机位姿跟踪丢失的情况，这种状况下会利用场景识别对相机进行全局定位，利用关键帧之间的共视关系，构建一个局部地图，将局部地图中的特征点通过重投影技术投影到丢失的图像帧中进行特征匹配，再根据特

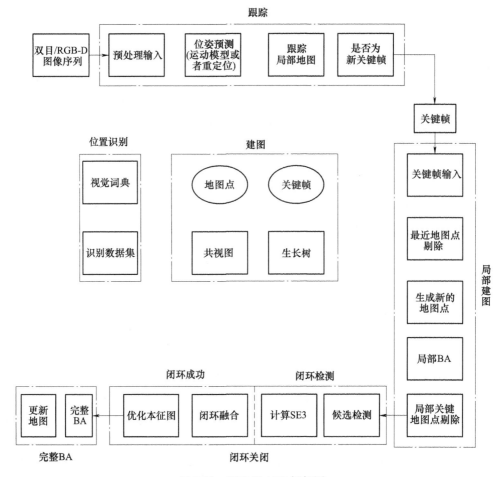

图 5-20　ORB-SLAM2 框架图

征匹配的结果来对相机丢失的位姿进行计算，利用 BA 算法对其进行优化。该线程是否添加关键帧是通过时间来决定的，如果有一段时间没有相应的关键帧插入，就将当前帧插入为关键帧，这里对插入关键帧的门槛要求很低，后面会对冗余的关键帧进行筛检。

（1）特征提取

在跟踪线程中的 ORB 特征的提取方案中，每张图像帧中的 FAST 角点提取数量要大于 1000 个而小于 2000 个，同时均匀划分网格，每个网格内的角点特征均匀分布。取尺度因子为 1.2，尺度空间为 8 层，之后对角点特征增加旋转不变性并计算其特征描述子。

（2）局部地图初始化

单目相机需要对地图进行初始化才可以进行相机位姿的计算，主要就是初始化特征三维空间位置，也就是地图中的点云。双目以及深度相机可以直接通过获取景物的深度信息，来恢复特征点的空间位置。下面对单目相机局部地图初始化进行分析：

1）将当前图像帧 f_c 与参考关键帧 f_r 进行特征匹配，如果匹配的特征点数量足够则继续进行下一步，否则需要重置参考帧，直到匹配的特征点对数量达到要求。

2）计算两个模型，分别对应单应性矩阵 $\boldsymbol{H}_{cr}$ 和一个基本矩阵 $\boldsymbol{F}_{cr}$，于是有

$$\boldsymbol{x}_c = \boldsymbol{H}_{cr}\boldsymbol{x}_r, \quad \boldsymbol{x}_c^{\mathrm{T}}\boldsymbol{F}_{cr}\boldsymbol{x}_r = 0 \tag{5-77}$$

当计算这两个模型时，统一循环迭代的次数以及用于迭代的匹配成功的特征点对。每次迭代时，每个模型均计算一个 S_M 分值

$$S_M = \sum_i \left(\rho_M(d_{cr}^2(x_c^i, x_r^i, \boldsymbol{M})) + \rho_M(d_{rc}^2(x_c^i, x_r^i, \boldsymbol{M})) \right)$$

$$\rho_M(d^2) = \begin{cases} \Gamma - d^2, & d^2 < T_M \\ 0, & d^2 \geqslant T_M \end{cases} \tag{5-78}$$

式中，$\boldsymbol{M}$ 取 $\boldsymbol{H}$ 代表单应性矩阵，取 $\boldsymbol{F}$ 代表基本矩阵；d_{cr}^2、d_{rc}^2 为帧间匹配对称传递误差；T_M 为基于 χ^2 分布的异常投影阈值（假设一个像素测量误差的标准偏差 $T_H = 5.99$，$T_F = 3.84$）；Γ 被定义与 T_H 相等，这样两个模型由于内点区域相同的 d 而得分相等，另两个模型兼容。

3）跟踪进程中有两个模型可供选择，分别是单应性模型和矩阵模型。选择单应性模型为重建模型需满足当前场景为平面，对二维图像处理就能获得正确的初始化条件。当场景为三维面时，需要选择矩阵模型满足基本视差条件。为此，定义一个启发式因子

$$R_H = \frac{S_H}{S_H + S_F} \tag{5-79}$$

式中，R_H 为模型选择条件，其阈值为 0.45，若 $R_H > 0.45$，选择单应性模型，否则选择矩阵模型。

4）选择的模型不同，相应的运动状态信息的获取方式也不同。对于单应性模型，直接采用三角定位法对 8 个运动假设解进行检验，并选择一个最佳解。对于矩阵模型，这时需要利用校正矩阵 $\boldsymbol{K}$ 将其转换为本质矩阵形式

$$\boldsymbol{E}_{rc} = \boldsymbol{K}^{\mathrm{T}}\boldsymbol{F}_{rc}\boldsymbol{K} \tag{5-80}$$

再根据所得到的 4 个运动假设，采用三角定位法得到最佳解。当上述 4 个步骤完成后，可以对上述过程中获得的所有变量进行全局优化，优化算法选择 BA 算法，最后得到初始化局部地图。

（3）相机位姿计算

将当前帧图像与相邻帧进行特征匹配，如果匹配成功，结合运动模型计算当前时刻相机的相对位姿。如果特征匹配失败，则需要对相机进行重新定位，具体方案就是利用 BoW 来寻找当前时刻图像帧的候选相似关键帧，最后对图像间的二进制描述向量计算汉明距离，判断是否为相似图像。对相似图像之间进行特征匹配，并过滤掉错误匹配的特征点对，结合 ICP 法（单目相机用 PnP 法或其他方法）计算当前时刻相机的相对位置，最后利用 BA 算法完成相机的初始化位姿计算。

（4）局部地图跟踪

得到相机当前时刻的位姿估计后，需要建立当前关键帧与地图之间的关系，特别是地图中点云与关键帧中特征点之间的关系。因为对于整个地图而言，对应地图中所

有的点云特征是比较耗时的，因此只考虑将局部点云映射到当前关键帧。该局部地图包含一组关键帧 K_1，它们和当前关键帧有共同的地图云点，还包括在共视图中与关键帧 K_1 相邻的一组关键帧 K_2。这个局部地图中有一个参考关键帧 $K_{ref} \in K_1$，它与当前帧具有最多的共同地图云点。现在对 K_1，K_2 中可见的每个地图云点，在当前帧中进行如下搜索：

1）计算地图云点在当前帧图像中的投影点 x，如果投影位置超出图像边缘，就将对应的地图云点滤除。

2）投影完成后，计算对应地图点可视方向平均值 n 与当前视线 v 之间的夹角，当 $n \cdot v < \cos 60°$ 时，滤除该点。

3）计算地图点到相机光心之间的距离 d，定义尺度空间中距离的上下界为 d_{min}、d_{max}，当该点的距离满足 $d \notin [d_{min}, d_{max}]$，则滤除该点。

4）通过计算 d/d_{min} 的值，得到图像帧中的尺度。

5）将图像中成功匹配的 ORB 特征点与地图点云特征点的描述子相比较，结合预测尺度以及地图点在图像帧中的投影位置，寻找最佳匹配点。

完成上述 5 个步骤后，结合跟踪成功的特征点对，用 BA 优化方案对相机估计的位姿以及图像帧中所对应的点云进行优化。

（5）是否插入关键帧判断

在该线程的最后需要判断当前帧是否作为关键帧插入下一线程，为了增加跟踪线程的鲁棒性，避免不必要的图像帧的处理，需同时满足以下 4 个判断条件：

1）局部建图线程闲置或距离上次插入关键帧时间超过了 20 帧。

2）距离最近一次相机重定位处理超过了 20 帧。

3）当前帧中至少跟踪 50 个 ORB 特征关键。

4）当前帧中跟踪的特征点的数量至少有 10% 不同于参考关键帧。

2. 局部建图线程

在该线程中，主要处理跟踪线程产生的关键帧。首先将跟踪线程产生的关键帧插入到关键帧序列中，对其进行预处理，建立与局部地图中的点云匹配关系，然后处理局部地图中的点云，滤除判断无效以及被观测率低的点云，主要是由于这类点云对建图意义不大，浪费计算资源。滤除点云后，恢复关键帧序列中匹配成功的特征点，生成一些新的点云地图点，再次对前面所涉及到的变量进行 BA 优化，滤除无效观测。最后对关键帧序列中的冗余关键帧进行滤除，维持一定的关键帧数量，以最大的效率来表示环境，具体包含下面 5 个步骤：

（1）关键帧插入

首先，更新共视图。具体包括：为关键帧 K_i 添加一个新节点，检查与 K_i 有共同云点的其他关键帧，并用边线连接。然后，更新遍历树，连接与 K_i 有最多共享点的关键帧。最后，计算表示该关键帧的词袋。

（2）地图云点筛选

地图云点为了能保留在地图中，在其创建后的前 3 个关键帧中必须通过严格的测试。一个云点必须满足如下条件：跟踪线程必须在超过 25% 的图像中找到该特征点；如果创建地图云点经过了多个关键帧，那么它必须至少能够被其他 3 个关键帧观测到。针对某一个地图云点，当它被少于 3 个关键帧观测到时，该云点可移除，这主要出现在关键帧被删除或用局部 BA 来排除野值观测点等情形，该策略使得地图包含很少的无效数据。

（3）新地图云点创建

新的地图云点的创建是通过对共视图中相互连接的关键帧 K_C 中的 ORB 特征点进行三角化定位得来的。在 K_i 中每个未匹配的 ORB 特征，在其他关键帧的未匹配云点中进行查找，看是否有匹配上的特征点，然后将那些不满足对级约束的匹配点删除。ORB 特征点对三角化后，需要对其在摄像头坐标系中的深度信息、视差、重投影误差和尺度一致性进行审查，通过后则将其作为新点插入地图。一开始，一个地图云点可被 2 个关键帧观测到，但它有可能在其他关键帧中也有对应匹配点，所以它需映射到其他相连的关键帧中，相应的匹配搜索算法参考跟踪线程中的局部地图跟踪。

（4）局部 BA

局部 BA 主要对当前处理的关键帧 K_i，在共视图中与 K_i 连接的其他关键帧 K_C，以及这些关键帧观测到的地图云点进行优化，所有未与 K_i 相连且能观测到这些云点的关键帧会被保留且固定在优化线程中。在优化中期及结尾阶段，所有被标记为野值的观测都会被丢弃。

（5）局部关键帧筛选

为得到一个紧凑的结构，局部地图构建会检测冗余的关键帧并删除它们。这样对 BA 过程会有很大帮助，因为随着关键帧数量的增加，BA 优化的复杂度也随之增加。当算法在同一场景下运行时，关键帧的数量则会控制在一个有限范围内，只有当场景内容改变了，关键帧的数量才会增加，这样一来，就增加了系统的可持续操作性。如果关键帧 K_C 中 90% 的点都可以被其他至少 3 个关键帧同时观测到，那认为 K_C 的存在是冗余的，将其删除。

3. 闭环检测

闭环检测线程以局部地图线程中得到的最后一帧关键帧 K_i 为出发点，对环路进行检测和闭合。具体步骤如下：

（1）候选关键帧

先计算关键帧 K_i 的词袋向量和它在共视图中相邻图像的相似度，保留最低分值 s_{min}，然后检索图像识别数据库，删除那些分值低于 s_{min} 的关键帧，并且同时将与 K_i 直接相连的关键帧也删除。为了获得候选回环，必须检测连续 3 个一致的候选回环，即共视图中相连的关键帧。

（2）计算相似变换

对于单目 SLAM 系统一般存在 7 个自由度的漂移，分别是 3 个方向的平移、3 个方向的旋转、1 个尺度因子。为得到闭合回环，需要计算从当前关键帧 K_i 到回环关键帧 K_l 的相似变换，以获得回环的累积误差，计算相似变换也可以作为回环的几何学验证。

计算当前关键帧和回环候选关键帧地图云点的 ORB 特征对应关系。此时，对每个候选回环有一个 3D 到 3D 的对应关系。对每个候选回环执行随机抽样一致算法（Random Sample Consensus，RANSAC）迭代，试图找到对应的相似变换。如果用足够的有效数据找到了相似变换 S_{il}，就可以对其进行优化，并搜索更多的对应关系，直到 K_i 回环被接受。

（3）回环融合

回环矫正的第一步是融合重复的地图点云，在共视图中插入与回环相关的新边缘。首先通过相似变换 S_{il} 矫正当前关键帧位姿 T_{iw}，这种矫正方法应用于所有与 K_i 相邻的关键帧，这样回环两端就可以对齐。回环关键帧及其近邻关键帧能观测到的所有地图点云都映射到 K_i 中，并在映射的区域附近小范围内搜索它的对应匹配点。所有匹配的地图点云和计算 S_{il} 过程中的有效数据进行融合，融合过程中所有的关键帧将会更新它们在共视图中的边缘，创建的新边缘将用于回环检测。

（4）本征图优化

为了得到高质量的闭合回环，用位姿图优化方法来优化本征图，这样可以将回环闭合的误差分散到各子图中去。通过对相似变换优化来校正尺度偏移。优化后，每一个地图云点都根据所相关的关键帧的校正进行了变换。

4. 单目、双目近处和双目远处特征点

ORB-SLAM2 方法是直接对输入图像进行预处理的，并提取一些关键位置上的特征，随后这些输入图像直接被弃用，因此，该方法是完全基于特征运行的，它不依赖于传感器类型（如双目、RGB-D 相机）。ORB-SLAM2 能处理单目或者双目特征点，进一步分成远处特征点和近处特征点两类。

双目特征点通过三坐标 $x_s = (u_L, v_L, u_R)$ 来定义，(u_L, v_L) 是左图的坐标，u_R 表示右图的横坐标。对于双目相机而言，提取两幅图像中的 ORB 特征，每个左图中的 ORB 特征要与右图的 ORB 特征相匹配。对于 RGB-D 相机，在 RGB 图像上提取 ORB 特征点，对于每个特征点 (u_L, v_L)，将深度 d 转换为虚拟的右目坐标，转换关系如下式：

$$u_R = u_L - \frac{f_x b}{d} \tag{5-81}$$

式中，f_x 为水平焦距；b 表示结构光投影器和红外相机之间的基线。深度传感器的不确定性可用虚拟右目坐标来描述，采用这种方式就可以将来自双目和 RGB-D 输入的特征进行等同处理。

近双目特征点的定义是匹配的深度值小于 40 倍双目或者 RGB-D 基线，否则是远特征点。由于可以准确估计深度并提供比例、平移和旋转信息，因此近特征点从一帧图像中就可以进行三角化。另一方面，远的特征点能够提供精确的旋转信息，但是尺度和平移信息不确定性增加。当有多视图时，可将这些远点进行三角化。

单目特征点通过左目图像坐标 $x_m = (u_L, v_L)$ 来定义，且对应于所有 ORB 特征，这些 ORB 特征是双目无法获得正确的匹配或在 RGB-D 情形下无法提供有效的深度信息。这些点仅能够从多视图中三角化，虽然无法提供尺度信息，但有助于旋转和平移估计。

使用双目和 RGB-D 相机的主要优势在于，可以直接获得深度信息，不需要像单目那样做一个特定的 SFM 初始化，在系统初始化的时候，就构建了一个关键帧（也就是第一帧），将其位姿设在原点，从所有的双目特征点中构建一个初始地图。

5. 单目与双目约束的 BA 算法

ORB-SLAM2 系统采用 BA 算法来优化跟踪线程中相机的位姿（纯运动 BA），优化关键帧的本地窗口和局部建图线程的特征点（局部 BA），并且在回环检测之后优化所有的关键帧和特征点（全局 BA）。

纯运动 BA 通过最小化世界坐标系下 3D 点 $X^i \in \mathbb{R}^3$ 与特征点 $x^i_{(\cdot)}$ 之间的重投影误差来优化相机旋转矩阵 $\boldsymbol{R}$ 和平移矩阵 $\boldsymbol{t}$，其中，单目特征点为 x^i_m、双目特征点为 x^i_s，有

$$\{\boldsymbol{R},\boldsymbol{t}\} = \arg\min_{R,t} \sum_{i \in X} \rho\left(\left\| x^i_{(\cdot)} - \pi_{(\cdot)}(\boldsymbol{R}X^i + \boldsymbol{t}) \right\|^2_{\Sigma} \right) \tag{5-82}$$

式中，ρ 是鲁棒 Huber 代价函数；$\sum$ 是与特征点尺度相关的协方差；投影函数 $\pi_{(\cdot)}$ 定义如下：

$$\pi_m\left(\begin{bmatrix} X \\ Y \\ Z \end{bmatrix} \right) = \begin{bmatrix} f_x \dfrac{X}{Z} + c_x \\ f_y \dfrac{Y}{Z} + c_y \end{bmatrix} \tag{5-83}$$

$$\pi_s\left(\begin{bmatrix} X \\ Y \\ Z \end{bmatrix} \right) = \begin{bmatrix} f_x \dfrac{X}{Z} + c_x \\ f_y \dfrac{Y}{Z} + c_y \\ f_x \dfrac{X - b}{Z} + c_x \end{bmatrix} \tag{5-84}$$

式中，π_m 表示单目；π_s 表示双目；(f_x, f_y) 表示焦距；(c_x, c_y) 表示主点；b 为基线。

局部 BA 优化的是一组共视关键帧 K_L 以及在这些关键帧所观测到的特征点 P_L，其他包含有 P_L 特征点的全部关键帧 K_F（非 K_L）也会被考虑到代价函数中，但在优化中保持固定不变。χ_k 是定义在 P_L 中的点和关键帧 k 中特征点之间的匹配集，优化问题可描述为

$$\{X^i, R_l, t_l \mid i \in P_L, l \in K_L\} = \operatorname*{argmin}_{X^i, R_l, t_l} \sum_{k \in K_L \cup K_F} \sum_{j \in \chi_k} \rho(E(k,j)) \tag{5-85}$$

$$E(k,j) = \left\| x^j_{(\cdot)} - \pi_{(\cdot)}(R_k X^i + t_k) \right\|^2_{\Sigma} \tag{5-86}$$

全局 BA 是局部 BA 的一个特例，除了初始帧，所有的关键帧和地图中所有点都会被优化。

6. 回环检测和全局 BA

闭环分两步去执行，首先一个是闭环必须被检测和确认，其次是通过优化一个位姿图去矫正闭环。相比于单目的 ORB-SLAM 中可能出现尺度漂移，双目或者深度的信息将会使得尺度信息可观测。几何校验和位姿图优化是基于刚体变换而不是相似变换，将不再需要处理尺度漂移。

在 ORB-SLAM2 的位姿优化后，系统采用全局的 BA 优化以获取最优解。这个优化或许非常耗时，必须采用一个独立的线程，允许系统能够持续的建图，并且检测到回环信息。然而，这带来了新的挑战：将 BA 输出和当前地图状态融合。如果在优化

运行时检测到新的循环，系统将中止优化并继续关闭循环，这将再次启动全局 BA 优化。当全局 BA 结束时，需要将更新的关键帧子集、由全局 BA 优化的点与未更新的关键帧和点进行融合。通过生成树方式将更新的关键帧校正传播到未更新的关键帧中，根据校正参考帧来修改未更新的特征点。

7. 关键帧插入

ORB-SLAM2 和 ORB-SLAM 一样，也考虑关键帧插入和剔除冗余关键帧。由于远近双目特征点存在明显差异，这为关键帧的插入引入了一个新条件。对于应用大场景，需要大量的近点来精确估计平移。若跟踪的近点数目小于某一个阈值 τ_t，且这个帧能产生至少 τ_c 个新近双目特征点，此时将会插入一个新的关键帧。经验值认为，当 $\tau_t = 100$ 和 $\tau_c = 70$ 时效果最好。

8. 定位模式

ORB-SLAM2 包括一个定位模式，只要环境没有明显变化，该模式就可用于在已知地图区域进行轻量级的长期定位。在该模式中，局部建图和回环检测线程停用，相机始终可以通过跟踪进行重定位。在这个模式下，视觉里程计匹配是当前帧中 ORB 与根据双目/深度信息在前一帧中创建的 3D 点之间的匹配。这些匹配使得在没有地图的区域也能够重新定位，但会导致漂移累计。地图点匹配可确保对现有地图进行无漂移的定位。

5.4.3 ORB-SLAM2 功能包的安装

首先安装必要的依赖软件：

（1）更新 apt 库，更新软件列表：

```
$ sudo apt-get update
```

ORBslam
安装 1

（2）安装 git，用于从 Github 上克隆项目到本地：

```
$ sudo apt-get install git
```

（3）安装 cmake，用于程序的编译：

```
$ sudo apt-get install cmake
```

（4）安装 OpenCV，Pangolin

如若没有安装，可参考 5.3.3 节中的安装步骤。

（5）安装 DBoW2 和 g2o

ORBslam
安装 2

DBoW2 是 DBow 库的改进版本，DBow 库是一个开源的 C++库，用于索引图像并将其转换为单词表示形式。g2o 是一个开源的 C ++框架，用于优化基于图的非线性误差函数。这两个库在 ORB-SLAM2 第三方文件夹中，在此不单独编译，后续统一编译。

（6）安装 ORB-SLAM2

1）克隆仓库：

```
$ cd ~/catkin _ ws/src
$ git clone https://github. com/raulmur/ORB _ SLAM2. git ORB _ SLAM2
```

2）编译 ORB-SLAM2，第三方库中的 DBoW2 和 g2o，并解压 ORB 词典：

```
$ cd ORB _ SLAM2
$ chmod +x build. sh
$ ./build. sh
```

（7）单目测试

将数据集 rgbd _ dataset _ freiburg1 _ xyz 解压到本地：

```
$ cd ~/catkin _ ws/src/ORB-SLAM2
$ ./Examples/Monocular/mono _ tum Vocabulary/ORBvoc. txt Examples/Monocular/TUM1. yaml /
home/turtlebot/test/rgbd _ dataset _ freiburg1 _ xyz
```

ORBslam2
单目例子

其中，/home/turtlebot/test/rgbd _ dataset _ freiburg1 _ xyz 为数据集的存储路径。

运行效果图如图 5-21 所示，图中右侧窗口中的小方块为提取的图像 ORB 特征，左侧窗口显示了环境的稀疏地图和相机的运动轨迹。

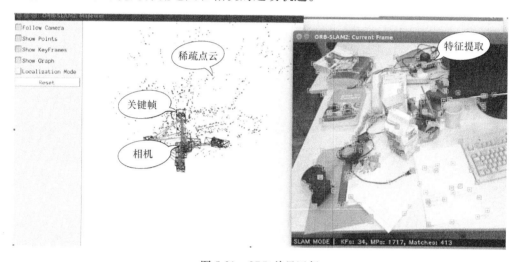

图 5-21　ORB 单目运行

（8）ROS 中的配置

1）将包含 Examples/ROS/ORB _ SLAM2 的路径添加到 ROS _ PACKAGE _ PATH 环境变量中，打开 . bashrc 文件并在最后添加以下行：

```
$ export ROS _ PACKAGE _ PATH = $ { ROS _ PACKAGE _ PATH} : ~/catkin _ ws/src/ORB _
SLAM2/Examples/ROS
```

ORBslam2 在
ROS 中配置 1

2）修改 ORB-SLAM2。安装好 Kinect2 的驱动后，执行如下命令：

```
$ roslaunch kinect _ bridge kinect _ bridge. launch
```

然后执行以下命令查询 ROS 发布的话题：

```
$ rostopic list
```

ORBslam2 在
ROS 中配置 2

这里使用/kinect2/qhd/image _ color 和/kinect2/qhd/image _ depth _ rect。

打开 ORB-SLAM2/Example/ROS/ORBSLAM2/src/ros _ rgbd. cc，将对应语句修改为：

message_ filters∶∶subscriber＜sensor_ msgs∶∶Image＞rgb_ sub（nh," /kinect2/qhd/image_ color"，1）；

message_ filters∶∶subscriber＜sensor_ msgs∶∶Image＞depth_ sub（nh," /kinect2/qhd/image_ depth_ rect"，1）；

重新编译：

kinect2
安装

```
$ cd ~/catkin _ws/src/ORB-SLAM2
$ chmod +x build _ros. sh
$ ./build _ros. sh
```

（9）Kinect2 的标定

1）驱动安装。

安装 libfreenect2 和 iai_ kinect2，这两个驱动在第 3 章已经安装完毕，无需重复安装。

安装 libusb：

```
$ sudo apt-add-repository ppa∶floe/libusb
$ sudo apt-get update
$ sudo apt-get install libusb-1. 0-0-dev
```

安装 GIFW3：

```
$ sudo apt-get install gifw3
```

kinect2
标定 1

如未安装成功，执行以下指令安装：

```
$ cd libfreenect2/depends
$ sh install _ubuntu. sh
$ sudo dpkg-i libglfw3 * _ 3. 0. 4-1 _ * . deb
```

2）准备棋盘标志板。前期准备需要打印好的标定板，可在 https∶//github. com/code-iai/iai _ kinect2/tree/master/kinect2 _ calibration 中获取，本书选用的是 chess5x7x0. 03。

3）标定流程。标定方法是先保存一些图片，然后再计算标定。需要标定四样东西：color 彩色图像，ir 红外图像，sync 帧同步，depth 深度图像。具体步骤如下，注意执行指令前进行环境配置。

以较少的帧数启动 kinect2_ bridge：

```
$ roscore
$ rosrun kinect2 _ bridge kinect2 _ bridge _ fps _ limit∶=2
```

创建一个文件夹，存储用于矫正的照片：

```
$ mkdir ~/kinect _ cal _ data；
$ cd ~/kinect _ cal _ data
```

标定彩色相机：

```
$ rosrun kinect2 _ calibration kinect2 _ calibration chess5x7x0. 03 record color
```

按空格键保存图片，可在 kinect _ cal _ data 文件夹中检查保存的照片。用于标定的照片要多于 10 张，棋盘的姿势与位置可能多样化，相互平行的棋盘对结果没有贡献。但棋盘平面与摄像头像平面之间夹角也不要太大，控制在 45 度以内。下面标定时的操作要求与以上相同，会生成 calib _ color. yaml 文件：

```
$ rosrun kinect2 _ calibration kinect2 _ calibration chess5x7x0. 03 calibrate color
```

当取了足够多的图像之后，按<Esc>或<Q>键退出程序。

标定红外相机：

```
$ rosrun kinect2 _ calibration kinect2 _ calibration chess5x7x0. 03 record ir
```

按空格键记录图片，会生成 calib _ ir. yaml 文件：

```
$ rosrun kinect2 _ calibration kinect2 _ calibration chess5x7x0. 03 calibrate ir
```

帧同步标定：

```
$ rosrun kinect2 _ calibration kinect2 _ calibration chess5x7x0. 03 record sync
```

按空格键记录，会生成 calib _ pose. yaml 文件：

```
$ rosrun kinect2 _ calibration kinect2 _ calibration chess5x7x0. 03 calibrate sync
```

深度标定，会生成 calib _ depth. yaml 文件：

```
$ rosrun kinect2 _ calibration kinect2 _ calibration chess5x7x0. 03 calibrate depth
```

kinect2
标定 3

通过查看 kinect2 _ bridge 打印的第一行，找出 kinect2 的序列号。kinect2 的序列号为：device serial：012526541941，不同设备序列号不同。

然后在 kinect2 _ bridge / data 中创建校准结果目录：

```
$ roscd kinect2 _ bridge/data
```

```
$ mkdir 012526541941
```

kinect2
标定 4

把 calib _ color. yaml calib _ ir. yaml、calib _ pose. yaml、calib _ depth. yaml 拷贝到/home/robot/catkin _ ws/src/iai _ kinect2/kinect2 _ bridge/data/012526541941 文件夹中。

4）检查标定效果：

```
$ roslaunch kinect2 _ bridge kinect2 _ bridge. launch
```

```
$ rosrun kinect2 _ viewer kinect2 _ viewer
```

5）查看内参和畸变系数　kinect2 的内参和畸变系数在～/kinect _ cal _ data /calib _ color. yaml 文件中，如图 5-22 所示。

（10）新建 kinect2. yaml

新建 kinect2. yaml 在～/catkin _ ws/src/ORB _ SLAM2/Examples/RGB-D 文件夹下，可参照 Examples/RGB-D/TUM1. yaml，修改对应参数。在 iai _ kinect2 的标定程序中，使用的 FullHD（1920×1080）分辨率图片，所以得到的计算机内参数据是针对 1920 × 1080 这个分辨率；而在 ORB _ SLAM2 中，使用的是 QHD（960×540）分辨率的图片。

```
1   %YAML:1.0
2   cameraMatrix: !!opencv-matrix
3      rows: 3
4      cols: 3
5      dt: d
6      data: [ 1.0550860028898474e+03, 0., 9.7022756868552835e+02, 0.,
7          1.0557186689448556e+03, 5.2645231780561619e+02, 0., 0., 1. ]
8   distortionCoefficients: !!opencv-matrix
9      rows: 1
10     cols: 5
11     dt: d
12     data: [ 5.0049307122037007e-02, -5.9715363588982606e-02,
13         -1.6247803478461531e-03, -1.3650166721283822e-03,
14         1.2513177850839602e-02 ]
15  rotation: !!opencv-matrix
16     rows: 3
17     cols: 3
18     dt: d
19     data: [ 1., 0., 0., 0., 1., 0., 0., 0., 1. ]
20  projection: !!opencv-matrix
21     rows: 4
22     cols: 4
23     dt: d
24     data: [ 1.0550860028898474e+03, 0., 9.7022756868552835e+02, 0., 0.,
25         1.0557186689448556e+03, 5.2645231780561619e+02, 0., 0., 0., 1.,
26         0., 0., 0., 0., 1. ]
```

图 5-22　kinect2 的内参和畸变系数

为了使用标定数据与使用照片对应，需要对 1920×1080 下的标定数据处理，对内参数据根据分辨率按比例进行缩减，需要对矩阵的值乘以一个 0.5。其他的参数与 TUM1. yaml 中相同即可，最终结果如图 5-23 所示。

```
1   %YAML:1.0
2      #--------------------------------------------------------------
3      # Camera Parameters. Adjust them!
4      #--------------------------------------------------------------
5
6      # Camera calibration and distortion parameters (OpenCV)
7      Camera.fx: 527.54300144
8      Camera.fy: 527.85933447
9      Camera.cx: 485.11378434
10     Camera.cy: 263.2261589
11
12     Camera.k1: 5.0049307122037007e-02
13     Camera.k2: -5.9715363588982606e-02
14     Camera.p1: -1.6247803478461531e-03
15     Camera.p2: -1.3650166721283822e-03
16     Camera.k3: 1.2513177850839602e-02
17
18     ...
19
```

图 5-23　新建的 kinect2. yaml 文件

至此 ORB-SLAM2 的配置基本完成。

5.4.4　ORB-SLAM2 在 Turtlebot 上的实现

ORB-SLAM2 算法的源码地址为 https：//github. com/raulmur/ORB _ SLAM2。ORB-

SLAM2 一共有 3 个线程，分别负责跟踪（Tracking）、局部建图（Local Mapping）和闭环（Loop Closing）功能，同时又增加了重定位（Place Recognition）功能。下面主要针对这 3 个线程的代码进行简单介绍。

1. 跟踪

Tracking 类的主要功能是更新当前帧位姿、跟踪关键帧和局部地图、重定位等。

（1）TrackWithMotionModel

作用：按照运动模式来进行跟踪，把上一帧的速度与位姿作为初始值，进行投影优化。其步骤如下：

1）根据匀速度模型对上一帧的 MapPoints 进行跟踪。跟踪过程中需要将当前帧与上一帧进行特征点匹配，将上一帧的 MapPoints 投影到当前帧，缩小匹配范围。如果跟踪的点少，则扩大搜索半径再来一次。

2）优化位姿，only-pose BA 优化。

3）优化位姿后剔除离群值的 mvpMapPoints。

（2）TrackReferenceKeyFrame

作用：按照关键帧来进行跟踪，从关键帧中查找 Bow 相近的帧，进行匹配优化位姿。其步骤如下：

1）将当前帧的描述子转化为 BoW 向量。

2）通过特征点的 BoW 加快当前帧与参考帧之间的特征点匹配。

3）将上一帧的位姿作为当前帧位姿的初始值。

4）通过优化 3D-2D 的重投影误差来获得位姿。

5）优化后剔除离群值的 mvpMapPoints。

（3）Relocalization

作用：重定位，从之前的关键帧中找出与当前帧之间拥有充足匹配点的候选帧，利用 RANSAC 迭代，通过 PnP 求解位姿。其步骤如下：

1）计算当前帧特征点的 Bow 映射。

2）找到与当前帧相似的候选关键帧。

3）通过 BoW 进行匹配。

4）通过 EPnP 算法估计姿态。

5）通过 PoseOptimization 对姿态进行优化求解。

6）如果内点较少，则通过投影的方式对之前未匹配的点进行匹配，再进行优化求解。

（4）TrackLocalMap

作用：对当前帧中相机的位姿和一些被跟踪的地图点进行估计，通过检索局部地图来寻找这些点的匹配信息。其步骤如下：

1）更新局部关键帧和更新局部地图点，确定当前帧附近的关键帧以及地图点信息。

2）找出没有与当前帧有匹配的地图点投影到当前帧，进行匹配操作。

3）有了更多匹配后，再一次优化当前帧的位姿。

4）对当前帧地图点的一些数据进行一次更新，并判断这次跟踪局部地图是否成功。

5）如果回环不久匹配到的点数少于 50，以及正常情况下匹配到的点数少于 30，则被认为跟踪失败。

2. 局部建图

LocalMapping 是管理局部地图的类，管理的内容包括关键帧和地图点，所谓管理就是增加、删除和修正位姿。

（1）ProcessNewKeyFrame

作用：插入新的关键帧。其步骤如下：

1）从缓冲队列中取出一帧关键帧。

2）计算该关键帧特征点的 Bow 映射关系。

3）将跟踪局部地图过程中新匹配上的 MapPoints 和当前关键帧进行关联。

4）更新关键帧间的连接关系，Covisibility 图和 Essential 图（tree）。

5）将该关键帧插入到地图中。

（2）MapPointCulling

作用：删除地图点。判断是否属于以下四种情况，如果是，则删除：

1）如果地图点被标记为 bad。

2）跟踪到该地图点的帧数与预计可观测到该地图点的帧数的比（IncreaseFound / IncreaseVisible）小于 25%，注意不一定是关键帧。

3）未被超过 2 个关键帧看到，并且当前关键帧的 ID 和看到该点的第一个关键帧的 ID 之差大于等于 2。

4）当前关键帧的 ID 和看到该点的第一个关键帧的 ID 之差大于等于 3。

（3）CreateNewMapPoints

作用：三角化恢复新的地图点。主要包括以下流程：

1）在当前关键帧的共视关键帧中找到共视程度最高的相邻帧 vpNeighKFs。

2）遍历相邻关键帧 vpNeighKFs，得到基线向量 vBaseline = Ow2-Ow1。

3）判断相机运动的基线是不是足够长，邻接关键帧的场景深度中值 medianDepthKF2（baseline 与景深的比例），如果特别远（比例特别小），那么不考虑当前邻接的关键帧，不生成 3D 点。

4）根据两个关键帧的位姿计算它们之间的基本矩阵 $\boldsymbol{F}$。

5）通过极线约束限制匹配时的搜索范围，对满足对极约束的特征点进行特征点匹配。

6）对每对匹配通过三角化生成 3D 点，方法与 Triangulate 函数类似。

7）分别检查新得到的点在两个平面上的重投影误差，如果大于一定的值，直接抛弃该点。

8）检查尺度连续性。

9）如果满足对极约束则建立当前帧的地图点及其属性：

- 观测到该 MapPoint 的关键帧；
- 该 MapPoint 的描述子；
- 该 MapPoint 的平均观测方向和深度范围。

10）将地图点加入关键帧和全局地图。

（4）SearchInNeighbors

作用：融合当前帧与相邻帧重复的地图点。主要流程包括：

1）获得当前关键帧在 covisibility 图中权重排名前 nn 的邻接关键帧，找到当前帧一级相邻与二级相邻关键帧。

2）将当前帧的 MapPoints 分别与一级二级相邻帧的 MapPoints 进行融合。

3）将一级二级相邻帧的 MapPoints 分别与当前帧的 MapPoints 进行融合。

4）更新当前帧 MapPoints 的描述子、深度、观测主方向等属性。

5）更新当前帧的 MapPoints 后，再更新与其他帧的连接关系。

（5）KeyFrameCulling

作用：剔除冗余关键帧。主要流程如下：

1）根据 Covisibility Graph 提取当前帧的共视关键帧。

2）提取每个共视关键帧的 MapPoints。

3）遍历该局部关键帧的 MapPoints，判断是否 90% 以上的 MapPoints 能被其他关键帧（至少 3 个）观测到。

4）该局部关键帧 90% 以上的 MapPoints 能被其他关键帧（至少 3 个）观测到，则认为是冗余关键帧。

3. 闭环检测

LoopClosing 是专门负责闭环的类，它的主要功能就是检测闭环，计算闭环帧的相对位姿并以此做闭环修正。

（1）DetectLoop

作用：检测闭环。它的主要流程包括：

1）如果距离上次闭环检测时间不长（小于 10 帧），或者 map 中关键帧总数少于 10 帧，则不进行闭环检测。

2）遍历所有共视关键帧，计算当前关键帧与每个共视关键帧的 Bow 相似度得分，并得到最低得分 minScore。

3）在所有关键帧中找出闭环备选帧。

4）在候选帧中检测一致性的候选帧。

（2）ComputeSim3

作用：计算两帧之间的相对位姿。主要流程包括：

1）从筛选的闭环候选帧中取出一帧关键帧 pKF。

2）将当前帧 mpCurrentKF 与闭环候选关键帧 pKF 匹配。

3）对步骤 2）中有较好匹配的关键帧求取 Sim3 变换。

4）通过步骤 3）求取的 Sim3 变换，引导关键帧匹配，弥补步骤 2）中的漏匹配。

5）Sim3 优化，只要有一个候选帧通过 Sim3 的求解与优化，就跳出，停止对其他候选帧的判断。

6）取出闭环匹配上关键帧的相连关键帧，得到它们的 MapPoints 放入 mvpLoopMapPoints。

7）将闭环匹配上关键帧以及相连关键帧的 MapPoints 投影到当前关键帧，进行投影匹配。

8）判断当前帧与检测出的所有闭环关键帧是否有足够多的 MapPoints 匹配。

9）清空 mvpEnoughConsistentCandidates。

（3）CorrectLoop

作用：根据闭环做校正。主要流程包括：

1）如果全局 BA 在运行，终止之前的 BA 运算。

2）使用传播法计算每一个关键帧正确的 Sim3 变换值。

3）优化图。

4）全局 BA 优化。

在简单介绍完 ORB-SLAM2 的几个重要模块之后，下面开始介绍在 Turtlebot 机器人上的建图部分，首先启动 Turtlebot 机器人：

ORBslam
建图

```
$ roslaunch turtlebot _ bringup minimal. launch
```

打开 Kinect2 传感器：

```
$ roslaunch kinect2 _ bridge kinect2 _ bridge. launch
```

启动 ORB-SLAM2：

```
$ rosrun ORB _ SLAM2 RGBD /home/turtlebot/catkin _ ws/src/ORB _ SLAM2/Vocabulary/
ORBvoc. txt /home/turtlebot/catkin _ ws/src/ORB _ SLAM2/Examples/RGB-D/kinect2. yma1
```

其中，/home/turtlebot/catkin _ ws/src/ORB _ SLAM2/Vocabulary/ORBvoc. txt 是 ORBvoc. txt 文件所在的路径，/home/turtlebot/catkin _ ws/src/ORB _ SLAM2/Examples/RGB-D/kinect2. yma1 是配置文件 kinect2. yma1 所在的路径，根据文件存放路径自行修改。启动后，如图 5-24 所示。

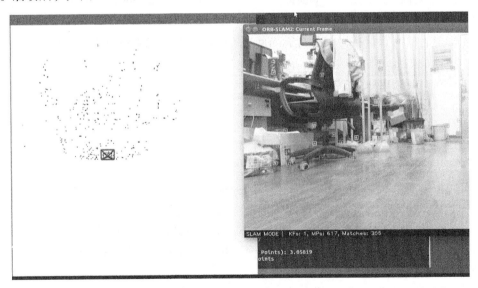

图 5-24　启动 ORB-SLAM2 建图

接下来启动键盘控制 Turtlebot，进行建图：

$ roslaunch turtlebot _ teleop keyboard _ teleop. launch

图 5-25 所示是 Turtlebot 机器人在房间进行基于 Kinect2 的 ORB-SLAM2 全过程。图 5-25a 是建图的真实场地，图 5-25b~d 是建图进化过程。

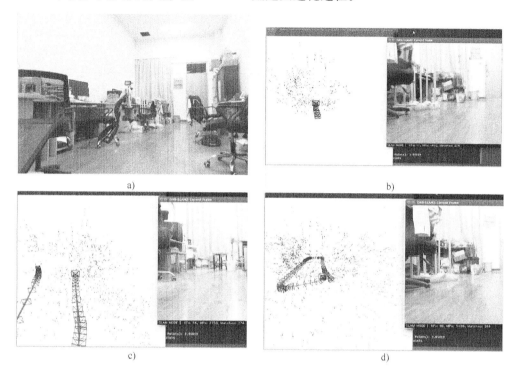

图 5-25　ORB-SLAM2 建图过程

a）真实场地　b）建图时刻一　c）建图时刻二　d）建图时刻三

5.5　多机器人视觉 SLAM 技术简介

5.5.1　多机器人系统

将多机器人系统与 SLAM 技术相结合，机器人之间相互交换信息，共享观测信息来协助对方相互定位并构建环境地图，称之为多机器人协作 SLAM 系统，它可以提高大规模未知环境建图的效率与精度。目前可用于 SLAM 的多机器人系统控制结构主要有三种：集中式、分布式以及混合式。

（1）集中式

多机器人系统的集中式控制的主要结构如图 5-26 所示，每个成员机器人统一受一个中央

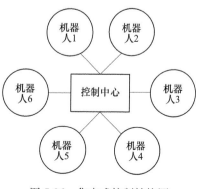

图 5-26　集中式控制结构图

管理模块调度，这也就意味着这个中央管理模块承担着任务分解以及分配的功能，同

时还需要处理每个成员机器人的位姿信息以及所有环境的观测信息。如果 SLAM 解决方案选用集中式结构，那么其主要实现方法是每个成员机器人执行各自的 SLAM 算法来处理环境观测信息来创建子地图，之后再由中央管理模块对所有子地图进行融合。集中式具有结构清晰的优点，但是其存在的缺点也很多。首先，如果有一个成员机器人出现未知的错误，可能导致整个建图的任务失败或是系统崩溃，容错性是个很大的问题。其次，当成员机器人数量不断增加时，系统任务分配难度以及地图融合速度将会大打折扣，其灵活性比较差。最后，由于只有一个中央模块，当系统包含许多成员机器人时，每个成员机器人与中央管理模块的通信将受到限制，不能及时传输数据，系统延迟，比较容易陷入通信瓶颈。

（2）分布式

图 5-27 为多机器人系统的分布式结构，相比于集中式结构，分布式系统结构的可靠性以及鲁棒性等得到了一定程度提升，但同时它也可能陷入局部最优的困境，从而无法保障整个系统获得全局最优解。与集中式结构不同，分布式系统没有中央管理模块，每个成员机器人之间相互平等，每个机器人是自己的管理者。成员机器人之间的交流通过一定的通信方案来解决，同时每个机器人可以根据实际情况来进行自我决策。由此可见，分布式结构相对集中式结构来说，变得更加灵活。同时由于没有中

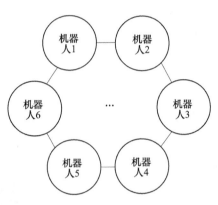

图 5-27　分布式控制结构图

央管理模块，当一个机器人出现故障时，并不会影响其他机器人执行任务，不会轻易导致系统崩溃，因而系统具有更高的鲁棒性以及可靠性。但机器人之间合作相对较少，会导致整体效率降低。

在分布式多机器人协作 SLAM 中，每个机器人执行自己的 SLAM 算法，创立局部地图，再通过广播的方式将自己建立的地图发送给其他成员机器人。当机器人接收到其他机器人的地图信息时，将其观测信息融合到自己的地图之中，生成自己的全局地图。这就是说每个机器人都有一个自己的全局地图。当机器人数量过多时，比较容易发生广播风暴，同时机器人的协作性没有很好的体现。

（3）混合式

多机器人系统的混合式结构如图 5-28 所示，它是将集中式和分布式相结合起来的一种结构，混合式结构中即包含

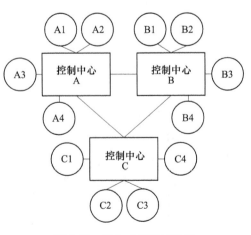

图 5-28　混合式控制结构图

统一全局的中央管理模块，也采用分布式结构中每个成员机器人之间的通信方式，它具有集中式与分布式结构的优点，这样的控制结构避免了成员机器人之间的任务冲

突，同时又加强了合作，所以混合式结构对于动态以及复杂的环境具有更好的适应性。

5.5.2 机器人相互识别

（1）目标检测方案

当机器人成员相互进入视野时，能够从图像中把机器人从环境背景中分离出来，从而达到识别的目的，这就涉及目标检测的问题。目标检测在最早期采用以背景差分法以及帧间差分法为基础，发展到后来的训练特征分类器，随着研究的不断深入，目标检测得到了长足的发展，检测效果也越来越精确。近几年，深度学习不断地出现在大家的视线中，被广泛地应用于各个方面，当然也包括目标检测方案。同时，基于深度学习的目标检测，相比于其他方案来说，检测效果更好，检测的准确率得到了大幅提升。

在典型的基于深度学习的目标检测方案中，目标的候选区域的选择主要是利用图像中颜色、边缘以及纹理等信息来决定目标区域的搜索方法，这种方法相比于普通的滑动窗口来说也更加优异。当然目标的候选区域也可以由深度学习网络自己训练学习来得到，这种方法可以大大地提升所选择的候选区域的质量，但是这种方案需要花费大量的训练时间，同时训练方式很复杂，需要更大的存储空间来支持其运行。虽然经过不断的改进，在目标检测的速度上还是没有得到很大的提升，实时性较差。

基于上述目标检测方案的不足，在众多学者们不断地创新与研究下，提出了以YOLO（You Only Look Once）为代表的深度学习检测识别方案。该方案将深度卷积神经网络与回归思想相结合，使得基于深度学习的目标检测速度得到了极大的提升，本节选择 YOLO 算法作为机器人相互识别方案。

（2）YOLO 基本原理

YOLO 的检测过程非常简单，总共分为三步，首先调整图像大小，然后将图像输入卷积神经网络，最后根据模型的置信度来计算物体概率，如图 5-29 所示。

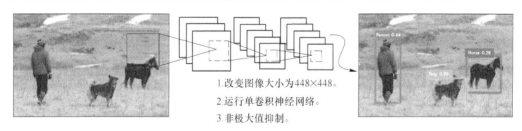

1.改变图像大小为448×448。

2.运行单卷积神经网络。

3.非极大值抑制。

图 5-29　YOLO 检测过程

1）统一检测。YOLO 神经网络利用整张图片的特征来对每个边界框进行预测，同时预测图片中所有类的边界框。YOLO 可以在不影响检测平均精度的情况下提高检测速度，实现端对端的训练。

YOLO 进行目标检测时，首先将输入的图片划分为 $S \times S$ 个栅格，当图片中某个物体的中心处在其中的一个栅格中时，则这个栅格就负责该物体的检测。图片中的每一个栅格预测 B 个边界框以及这些边界框的得分，这些得分主要用来辨识该栅格中是否

包含需要检测的物体以及该物体的概率，并且把该栅格的物体的置信度定义为 $Pr(Object) * IOU_{pred}^{truth}$，IOU（Intersection Over Union）是一种测量目标检测精确性的标准。通俗来讲，如果这个栅格中包含部分待检测物体，则 $Pr(Object) = 1$，否则 $Pr(Object) = 0$，这也就可以将 IOU 理解为该栅格所预测的边界框与真实物体相交的面积，同时可以看出物体的置信度就等于 IOU。每个边界框主要包含五个预测值，分别是边界框的中心坐标 (x, y)、边界框的宽 (w) 和高 (h) 以及物体的置信度。每个栅格还需要同时预测物体类别的概率，也就是说如果一个栅格包含一个物体，还需要预测它属于某个类的概率，可以表示为 $Pr(Class_i | Object)$。完成检测后，在测试阶段将每个边界框的物体类别概率与边界框的物体置信度相乘，如式（5-87）所示，就可以得到每个边界框所包含的物体类别的置信度得分，如图 5-30 所示。

$$Pr(Class_i | Object) * Pr(Object) * IOU_{pred}^{truth} = Pr(Class_i) * IOU_{pred}^{tr} \qquad (5-87)$$

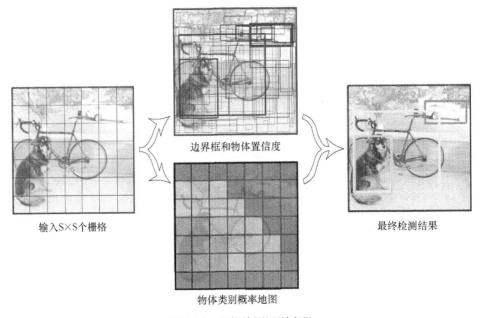

边界框和物体置信度

输入S×S个栅格

最终检测结果

物体类别概率地图

图 5-30　目标检测识别流程

2）神经网络设计。YOLO 网络主要受到了 GoogLeNet 分类网络结构的启发，设计了一个包含 24 个卷积层以及 2 个全连接层的神经网络，如图 5-31 所示，其中卷积层主要功能是用来检测图像的特征，连接层主要用来预测图片中物体的位置以及类别概率，YOLO 网络结构仍然沿用的是经典的卷积神经网络结构，网络预测结果主要包含两方面，分别是物体类别的概率（Probabilities）以及物体在图片中的像素坐标（Coordinates）。

3）训练。在预训练网络里加入卷积层和连接层可以提高训练模型的性能，所以 YOLO 在预训练模型中增加了 4 个卷积层以及 2 个连接层，同时将所增加的层的参数都设置为随机的。在检测阶段往往需要更加精确的视觉信息，所以将输入网络的分辨率从 224×224 提高到 448×448。YOLO 网络最后一层需要同时预测物体类别的概率以及边界框的坐标，通过输入图像的像素高度和宽度对物体边界框的高度和宽度进行归一化处理，使它们的值落在 0~1 之间，同时将边界框的 x 和 y 轴坐标利用相似的方法

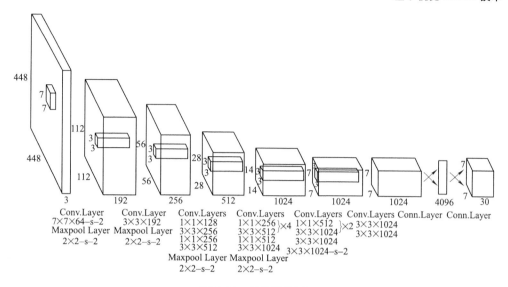

图 5-31　网络结构图

进行归一化，使其坐标值同样落在 0~1 之间。在训练网络中，除了最后一层使用的是线性激活函数，其他层激活函数

$$\phi(x) = \begin{cases} x, & x > 0 \\ 0.1x, & x \leq 0 \end{cases} \tag{5-88}$$

YOLO 主要利用平方和误差来优化模型，利用这个方法比较容易进行优化，但是不能够达到最大化平均精度的目标。因为将边界框定位误差和物体分类误差用同样的方法处理是不合理的，比如当网格不包含任何物体时，这些网格的置信度得分将趋于 0，其梯度将远远大于包含物体的网格梯度，在训练开始时就容易造成梯度爆炸。为了解决这个问题，YOLO 额外增加了两个参数 λ_{coord} 和 λ_{noobj}，通过增加 λ_{coord} 的值来增加边界框坐标预测损失的权重，减小 λ_{noobj} 来降低不包含物体的边界框的预测损失权重。还有一个问题是利用平方和误差计算损失时，边界框不管大小都是一样计算的，但同样的一个损失值，与大的边界框相比，小的边界框影响则更大，所以为了解决这个问题，在计算损失值时对边界框的长和宽先求根再计算平方和来减小影响，在训练期间，YOLO 将需要优化的损失函数定义为：$loss = \sum_{i=1}^{s^2} coordError + iouError + classError$，具体形式如下所示

$$
\begin{aligned}
coordError = \lambda_{coord} \sum_{j=0}^{B} \mathbb{I}_{ij}^{obj} \left[(x_i - \hat{x}_i)^2 + (y_i - \hat{y}_i)^2 \right] \\
+ \lambda_{coord} \sum_{j=0}^{B} \mathbb{I}_{ij}^{obj} \left[\left(\sqrt{w_i} - \sqrt{\hat{w}_i} \right)^2 + \left(\sqrt{h_i} - \sqrt{\hat{h}_i} \right)^2 \right]
\end{aligned}
\tag{5-89}
$$

$$
\begin{aligned}
iouError + classError = \sum_{j=0}^{B} \mathbb{I}_{ij}^{obj} (C_i - \hat{C}_i)^2 + \lambda_{noobj} \sum_{j=0}^{B} \mathbb{I}_{ij}^{noobj} (C_i - \hat{C}_i)^2 + \\
\mathbb{I}_{i}^{obj} \sum_{c \in class} (p_i(c) - \hat{p}_i(c))^2
\end{aligned}
\tag{5-90}
$$

式中，x，y，w，h，C，p 表示网络预测值；$\hat{x}$，$\hat{y}$，$\hat{w}$，$\hat{h}$，$\hat{C}$，$\hat{p}$ 表示图片标注值；$\mathbb{I}_{ij}^{obj}$ 和 $\mathbb{I}_{ij}^{noobj}$ 分别表示物体在栅格 i 和不在栅格 i 的第 j 个边界框内；$\mathbb{I}_{i}^{obj}$ 表示物体在栅格 i 内。

（3）YOLO 数据集制作与训练

目前用于各种目标检测的数据集有很多，用于目标检测的经典的数据集有 MIT、ETH、KITTI 以及 Daimler 等，这些数据集各有优缺点，包含多种物体，有行人、桌子、椅子、猫以及狗等，对于需要检测的物体是参与建图的机器人，网上公开的数据集中不包含此类物体，所以需要制作并且训练自己的数据集。

数据集中的每一张图片都需要进行标注，同时还需要生成相应的标注信息。数据集中包含多个文件夹，其中 JPEGImages 文件夹中放置用于训练以及测试用的图片，Annotations 文件夹中放置与 JPEGImages 文件夹中的图片相对应的标注信息的 XML 文件。同时 JPEGImages 文件夹中还包含 Main 文件夹，主要用来放置训练集、验证集以及训练验证集的 TXT 文件。按照该数据集的格式来制作用于机器人成员检测的数据集，训练的数据集文件夹层格式如图 5-32 所示。

```
1  Vocdevkit
2  ----VOC2018          #文件夹年份自己设置
3  --------Annotations   #放入所有xml文件
4  --------ImageSets
5  ------------Main       #放入train.txt，val.txt等文件
6  --------JPEGImages    #放入所有图片文件
7
8  main中文件分别表示为test.txt为测试集，train.txt为训练集，val.txt为验证集，trainval.txt为训练和验证集
```

图 5-32　数据集文件夹层格式

首先需要对所采集的机器人成员图片进行手工标注，图片标注用的是 LabelImg 软件，这是一款广泛用于数据集制作的图片标注软件，其使用十分便捷，对图片进行标注时，可以直观地看到标注的矩形框，标注完成后保存为可以直接生成含有标注物体位置信息的 XML 格式的文件，用该软件进行手工标注如图 5-33 所示。

图 5-33　手工标注

完成每一张图片的手工标注后，可以直接保存生成包含标注信息的 XML 文件，该文件中包括以下一些信息：文件名（与数据集中的图片一致）、图像的尺寸、标注物体的类别以及物体标注框的坐标信息等，如图 5-34 所示。

按照上述步骤，制作好数据集后，对开源的 YOLO 目标检测的源码进行编译。在编译之前，需要对配置文件进行修改来与自己的电脑匹配，同时安装源码编译所需要的一些依赖，并重新配置其路径。基础配置完成后，编译源码，编译成功后，对数据集进行训练，训练完成后得到的权重文件就可以用于机器人成员的检测。

图 5-34　XML 文件所含信息

5.5.3　地图融合策略

1. 机器人坐标系模型

所用到的机器人搭载相机相对于机器人的位置是固定的，也就是说执行机构与相机的空间位置是固定的关系，因此在初始时刻，机器人坐标系模型的建立可以通过相机的初始坐标系来建立。在此基础上，将机器人空间位姿信息等价于相机的位姿信息，相机的位姿信息可以表示为 (r^i, q^i)，其中用一个三维坐标向量 r^i 表示其空间位置以及一个四元数 q^i 来表示其空间朝向信息，i 为机器人成员编号。对于整个多机器人系统来说，每个机器人在初始时刻都将建立自己的局部坐标系，在整个系统的初始时刻可以选择一个机器人的局部坐标系作为整个系统的全局坐标系，在执行地图融合时选择机器人 1 的局部坐标系为全局坐标系。图 5-35a 为系统中某个机器人在其局部坐标系中的状态，图 5-35b 为所有机器人成员在全局坐标系下的相对位姿的变换关系，图 5-35b 中的 (R, t) 表示在全局坐标系下机器人之间的相对旋转和位移矩阵。

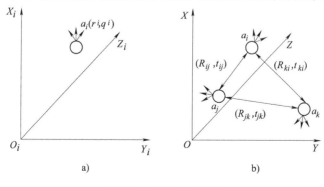

图 5-35　机器人坐标系

a）单相机坐标系　b）多相机坐标系

2. 机器人成员相对位姿计算

在一个未知的环境中，多个机器人成员在该环境中执行 SLAM 程序，当某个机器人的视野中出现系统中其他机器人成员且能准确识别时，需要通过地图融合端对这两个机器人的局部地图进行融合。这个过程需要计算两个机器人成员之间的相对位姿，该过程主要分为两步，首先需要对两幅地图中的地图点进行匹配，得到一组匹配成功的三维特征点，其次利用这组特征点计算机器人相对位姿。

（1）特征点对的检测

当机器人成员可以相互被彼此观测到时，其相机采集的环境信息有很大的相似性，这也就意味着多机器人成员之间的局部地图中的临近时刻的关键帧具有一定的相似性，可以利用相似关键帧来寻找匹配的 ORB 特征点对。机器人相遇时，与当前时刻相邻时刻的关键帧最具相似性，因此只在两个机器人局部地图中与当前时刻相邻的关键帧中匹配特征点对。

在地图融合端，将机器人成员 1 的局部子地图称为子地图 1，机器人成员 2 的地图称为子地图 2，并且将子地图 1 的坐标系作为整个系统的全局坐标系。将子地图 1 中的与当前时刻相邻的关键帧与子地图 2 的关键帧分别利用词袋模型计算相似度得分，相似度越高得分越高，再根据相似度得分来确定候选的相似关键帧。得到候选相似关键帧后，对相似关键帧进行特征匹配，同时利用 RANSAC 算法去除匹配不一致的点。为了加快得到匹配成功的特征点对，给出了 3 个限制条件，如图 5-36 所示。

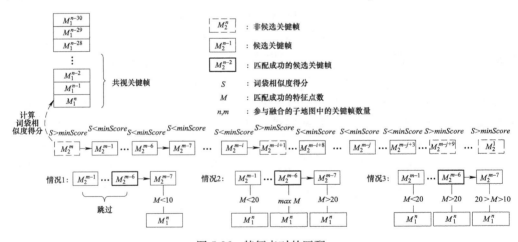

图 5-36　特征点对的匹配

1）将子地图 1 中的关键帧与子地图 2 中的相似关键帧进行特征匹配，如果匹配成功的特征点小于 10 个，则跳过子地图 2 中与这一关键帧相连的所有关键帧，不进行匹配。

2）两幅地图中关键帧匹配成功的特征点对大于 20 个，子地图 1 中的关键帧继续与子地图 2 中的相似关键帧进行特征匹配，为了减小重复的匹配成功的特征点对，只保留特征点对匹配成功最多的那一帧。

3）当匹配成功的特征点对大于 10 个并且小于 20 个，继续与子地图 2 中剩余的特征点对进行匹配，直到符合第二种的情况发生或者遍历完所有候选关键帧。

经过上面三种情况筛选，可以避免许多关键帧之间的多余匹配，从而得到符合条件的特征点对。

（2）相对位姿计算

得到一组匹配成功的特征点对后，利用特征点对在各自坐标系下的三维坐标信息来进行相对位姿的求解。采用迭代最近点算法（ICP）来求解相对位姿，ICP 算法是一种用于已知特征点对三维空间位置来计算机器人的相对位姿的优化算法。为了使得该算法运用的更加直观，将位姿信息用齐次坐标来代替。机器人成员 i 在 k 时刻的相对位姿可以表示为 (r_k^i, q_k^i)，r_k^i 与 q_k^i 的值如下

$$\begin{cases} \boldsymbol{r}_k^i = \begin{bmatrix} x_k^i & y_k^i & z_k^i \end{bmatrix}^{\mathrm{T}} \\ \boldsymbol{q}_k^i = (q_{k,0}^i, q_{k,1}^i, q_{k,2}^i, q_{k,3}^i) \end{cases} \tag{5-91}$$

四元数是用来表示位姿变换信息的，可以将 $\boldsymbol{q}_k^i$ 转化为机器人从上一时刻转换到当前时刻的旋转矩阵，旋转轴的顺序为 $Z - Y - X$，其旋转矩阵可表示为

$$\boldsymbol{C}_k^i = \begin{bmatrix} q_{k,0}^i{}^2 + q_{k,1}^i{}^2 - q_{k,2}^i{}^2 - q_{k,3}^i{}^2 & 2(q_{k,1}^i q_{k,2}^i - q_{k,0}^i q_{k,3}^i) & 2(q_{k,1}^i q_{k,3}^i + q_{k,0}^i q_{k,2}^i) \\ 2(q_{k,1}^i q_{k,2}^i + q_{k,0}^i q_{k,3}^i) & (q_{k,0}^i)^2 - (q_{k,1}^i)^2 + (q_{k,2}^i)^2 - (q_{k,3}^i)^2 & 2(q_{k,0}^i q_{k,1}^i - q_{k,2}^i q_{k,3}^i) \\ 2(q_{k,1}^i q_{k,3}^i - q_{k,0}^i q_{k,2}^i) & 2(q_{k,0}^i q_{k,1}^i + q_{k,2}^i q_{k,3}^i) & (q_{k,0}^i)^2 - (q_{k,1}^i)^2 - (q_{k,2}^i)^2 + (q_{k,3}^i)^2 \end{bmatrix} \tag{5-92}$$

在此基础上，可以将机器人的相对位姿的齐次坐标表示为

$$\boldsymbol{P}_k^i = \begin{bmatrix} C_k^i & r_k^i \\ 0 & 1 \end{bmatrix} \tag{5-93}$$

将特征点对全部齐次化表示以后作为 ICP 算法的输入，求出的结果为所有匹配成功的特征点对的最优变换矩阵 $\boldsymbol{T}$，也就是说在该转换矩阵下转换后的特征点对的误差平方和为最小。在迭代开始前，需要设置一个初始迭代矩阵 $\boldsymbol{T}_0$，设置成功之后对迭代结果再选取距离最小的特征点对计算新的迭代结果，直到迭代结束。与机器人位姿一样，将特征点的三维空间位置齐次化，在此基础上机器人之间的相对位姿变换可以表示为

$$\boldsymbol{t}_l = \begin{bmatrix} R_{ij} & t_{ij} \\ 0 & 1 \end{bmatrix} \tag{5-94}$$

式中，下标 l 为迭代次数。ICP 算法流程如图 5-37 所示。

针对两个地图点的三维空间坐标向量，存在如下变换关系

$$\begin{bmatrix} P_i \\ 1 \end{bmatrix} = \boldsymbol{T} \begin{bmatrix} P_j \\ 1 \end{bmatrix} \tag{5-95}$$

变换矩阵中存在 12 个未知量，因此至少需要 4 对匹配成功的特征点对才可以得到结果，同时为了避免偶然结果的发生，在选取相似关键帧时特征匹配成功的点数要大于 20 个。

由于 ICP 算法得出的变换矩阵只是求解这一组匹配成功特征点对相对运动的最优解，并没有对地图中的其他地图点以及机器人位姿进行优化，这将导致融合后的地图出现移位，从而导致冗余地图点变多。所以在此基础上还需要对整体地图进行全局优

```
1、输入：匹配点对 $^{A}P$、$^{B}Q$，初始变换矩阵 $T_{init}$
2、        $^{A}P' \leftarrow \text{datafilter}\left(^{A}P\right)$                    △数据过滤器
3、        $^{B}Q' \leftarrow \text{datafilter}\left(^{B}Q\right)$
4、        $_{i-1}^{i}T \leftarrow T_{init}$
5、  循环开始
6、        $^{i}P' \leftarrow {}_{i-1}^{i}T\left(^{i-1}P'\right)$                  △点集刚体变换
7、        $M_i \leftarrow \text{match}\left(^{i}P',Q'\right)$                      △点集匹配
8、        $W_i \leftarrow \text{outlier}\left(M_i\right)$                        △过滤异常值
9、        $_{i}^{i+1}T \leftarrow \arg\min_{T} \ error\left(T\left(^{i}P'\right),Q'\right)$
10、 直到 融合
11、 输出：$T_{final}$
```

图 5-37　ICP 算法流程

化，优化方案选取 BA 优化。在执行 BA 过程中，需要将齐次化的变换矩阵转化为原来的 (R,t) 形式

$$\begin{cases} s_1\begin{bmatrix} x_1 \\ 1 \end{bmatrix} = \boldsymbol{M}_{in}^{i}X \\ s_2\begin{bmatrix} x_2 \\ 1 \end{bmatrix} = \boldsymbol{M}_{in}^{j}(RX_n + t) \end{cases} \tag{5-96}$$

式中，$\boldsymbol{M}_{in}^{i}$ 和 $\boldsymbol{M}_{in}^{j}$ 为机器人相机传感器的内参矩阵；s_1 和 s_2 为特征点对对应的深度值。

在上述的条件下，将整个 BA 目标优化的过程表示为

$$\arg\min_{R,t,X} \sum_{n=1}^{N}\left(\left\| s_1^{n}\begin{bmatrix} x_1^{n} \\ 1 \end{bmatrix} - \boldsymbol{M}_{in}^{i}X_n \right\|^2 + \left\| s_2^{n}\begin{bmatrix} x_2^{n} \\ 1 \end{bmatrix} - \boldsymbol{M}_{in}^{j}(RX_n + t) \right\|^2 \right) \tag{5-97}$$

其中，N 为两幅子地图匹配成功的特征点对。用高斯—牛顿法求解得出如下迭代结果

$$\boldsymbol{J}^{\mathrm{T}}\boldsymbol{J}\delta x = -\boldsymbol{J}^{\mathrm{T}}\varepsilon \tag{5-98}$$

式中，$\boldsymbol{J}$ 为雅克比矩阵；δx 为变化量的增加部分；ε 为 δx 的同阶无穷小。

由于每次迭代时，其误差的变化方向是无法预测的，因此需要对这种无法预测的方向做出一定的调整，具体做法是借助最速下降法的思想，引入下降因子 λ 对其进行具体的调整

$$(\boldsymbol{J}^{\mathrm{T}}\boldsymbol{J} + \lambda \, \mathrm{diag}(\boldsymbol{J}^{\mathrm{T}}\boldsymbol{J}))\delta x = -\boldsymbol{J}^{\mathrm{T}}\varepsilon \tag{5-99}$$

调整下降因子 λ ，使得误差变化的方向始终向着 ε 减小的方向。同时结合该线性方程的信息矩阵的稀疏性，借助 Cholesky 分解的思想来减小高维度矩阵的计算量，最后可以求得 BA 优化后的位姿变换矩阵 $\begin{bmatrix} R & t \\ 0 & 1 \end{bmatrix}$ 。

（3）地图融合

当 i,j 两个机器人相遇时，机器人相互识别成功后，地图的融合需要以某一机器人的局部坐标系为基准，在这里假如选取机器人 i 为基准，对于机器人 j 的地图中的所

有地图点以及关键帧需要通过变换矩阵来转换到机器人 i 的地图中，整个融合过程可以表示为

$$\begin{bmatrix} p_j' \\ 1 \end{bmatrix} = \begin{bmatrix} R & t \\ 0 & 1 \end{bmatrix} \begin{bmatrix} p_j \\ 1 \end{bmatrix}, j = 1, 2, 3, \cdots, m_j \tag{5-100}$$

式中，m_j 为机器人 j 中的地图点个数。

当机器人 j 的地图点转换到机器人 i 的地图中时，并没有真正完成地图融合的目的。因为完成上述过程所得到的全局地图还包含许多重复的地图点以及相似度很高的关键帧，这不仅浪费了计算资源，还要花费更多的内存来存储它。所以需要将机器人 j 中与机器人 i 的地图匹配成功的特征点删除，同时要将机器人 j 地图中的一些关键帧删除，这些关键帧中所维护的 80% 的地图点能够被机器人 i 所观测到，这样得到的地图才是最后融合成功的地图，整个地图融合策略流程图如图5-38 所示。

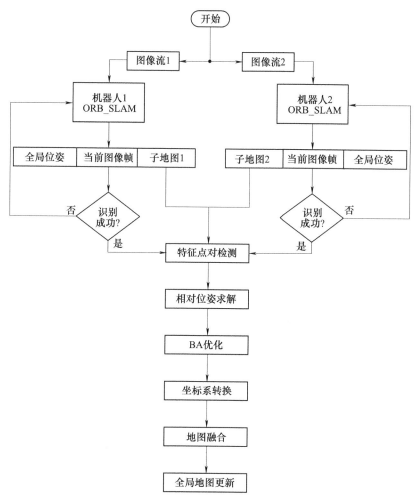

图 5-38　两机器人地图融合策略流程图

5.5.4 地图融合

采用 ORB_SLAM 算法生成的环境稀疏点云地图进行地图融合实验，其中单个机器人与多个机器人将对同一环境进行建图任务。实验结果如图 5-39 所示，其中图 5-39a 和图 5-39b 为多机器人方案中机器人成员的子地图，图 5-39c 为融合后的环境全局地图，图 5-39d 为单机器人建立的环境地图。

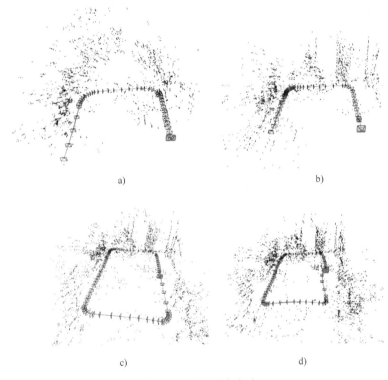

图 5-39　地图融合实验
a）子地图 1　b）子地图 2　c）融合地图　d）单机器人地图

5.6　本章小结

本章重点介绍了视觉 SLAM 流程的几个主要步骤，包括视觉传感器的介绍、视觉里程计的基本原理及实现步骤、后端优化方法的介绍、回环检测的基本方法介绍等，着重讲述了特征点法视觉里程计的原理及其实现过程；详细讲述了 MonoSLAM 的算法原理、实现过程以及 ORB-SLAM2 的算法原理及建图的详细实现步骤；介绍了多机器人视觉 SLAM 的基本原理和地图融合实现过程。

参 考 文 献

[1] LOEE D G. Distinctive image features from scale-invariant keypoints [J]. International Journal of Computer Vision, 2004, 60 (2): 91-110.

［2］FORSYTH D A, PONCE J. Computer vision：a modern approach ［M］. Prentice Hall Professional Technical Reference, 2002.

［3］BAY H, ESS A, TUYTELAARS T, et al. Speeded-up robust features（SURF）［J］. Computer Vision and Image Understanding, 2008, 110（3）：346-359.

［4］RUBLEE E, RABAUD V, KONOLIGE K, et al. ORB：An efficient alternative to SIFT or SURF［C］. 2011 International Conference on Computer vision, 2011.

［5］DAVISON A J, REID I D, MOLTON N D, et al. MonoSLAM：Real-time single camera SLAM［J］. IEEE Transactions on Pattern Analysis and Machine Intelligence, 2007, 29（6）：1052-1067.

［6］BURGUERA A, GONZÁLEZ Y, OLIVER G. On the use of likelihood fields to perform sonar scan matching localization［J］. Autonomous Robots, 2009, 26（4）：203-222.

［7］MUR-ARTAL R, MONTIEL J M M, TARDOS J D. ORB-SLAM：a versatile and accurate monocular SLAM system［J］. IEEE Transactions on Robotics, 2015, 31（5）：1147-1163.

［8］MUR-ARTAL R, TARDÓS J D. Orb-slam2：An open-source slam system for monocular, stereo, and rgb-d cameras［J］. IEEE Transactions on Robotics, 2017, 33（5）：1255-1262.

［9］苑全德. 基于视觉的多机器人协作 SLAM 研究［D］. 哈尔滨：哈尔滨工业大学, 2016.

［10］蔡自兴等. 多移动机器人协同原理与技术［M］. 北京：国防工业出版社, 2011.

［11］陈孟元. 移动机器人 SLAM、目标跟踪及路径规划［M］. 北京：北京航空航天大学出版社, 2018.

［12］SHIQIN SUN, BENLIAN XU, YIDAN SUN, et al. Sparse Pointcloud Map Fusion of Multi-Ro-bot System［C］. 2018 International Conference on Control, Automation and Information Sciences（ICCAIS）, 2018.